ホワイトベース二宮祥平の

どんなときもバイクに乗れ!

二宮祥平

一迅社

こんにちは、二宮祥平と申します。

職業はバイク屋。

東京の武蔵村山という町で、ホワイトベースという中古車店を営んでいます。


こうして本の中でご挨拶するのも、早いもので３回目。

最初の本である『とりあえずバイクに乗れ！』から５年、２冊目の『春夏秋冬ツーリングに行け！』からは４年がたちました。

その間に、バイクを取り巻く状況も変わりました。

技術の進歩による性能の向上だけでなく、ライダーが求める物も変わってきていると感じます。

もちろん、新型コロナウイルスによる社会自体の変化もあります。密を避ける移動手段として、また、ひとりでも楽しめるレジャーとして注目を集めることになるとは、まさか予想もしませんでした。


そうした変化を踏まえつつ、「バイクに乗ってみたい」「乗り始めたばかり」という人たちに、改めてバイクの面白さや、楽しむためのちょっとしたコツを伝えられればと思い本書を作りました。

願わくばこの本が、あなたのバイクライフのお役に立ちますように！

ホワイトベース
二宮祥平

ホワイトベース二宮祥平の
どんなときもバイクに乗れ!

CONTENTS

QRコードの使い方

各ページ中にあるQRコードからは、関連動画へアクセスすることができます。

QRコードの読み取り環境がない方は、その下に書かれている動画タイトルを、YouTube『二宮祥平ホワイトベース』チャンネルの検索ボックスから検索して下さい。

検索
二宮祥平ホワイトベース

CHAPTER 01

乗る前編

ホワイトベース二宮祥平の
どんなときも
バイクに
乗れ!

乗る前編

愛車選びは何を重視すべき!?

**ワクワク楽しい愛車選びは、バイクライフの第一歩。
後悔しないために、注意すべき点ってあるの……?**

愛着を抱けるのは、やっぱり一番乗りたいバイク!

Q. バイクっていろんな種類があるし、それによって向き不向きもあるみたいで悩みます。自分がいいなと思うやつを選ぶべきなのか、用途にあったものにするべきなのか……。何を買うかって、どう決めるのがいいんでしょう?

A. 愛車を探すのって、悩ましくも楽しいですよね。あれこれ考えてその時間を堪能してください。

　バイクに乗るためには、まず何を買うかを決めなければなりませんが、そのために知っておけばプラスになることもあります。というわけで〝乗る前編〟では、そうしたポイントを紹介していきましょう。

　さて、いざ決めるとなったときに、何を判断基準にすればいいか。これは単純に、イメージ先行でいいと思います。格好いいな、このバイクであんなところやこんなところを走りたいな……というふうに、それに乗っている自分を想像してわくわくできれば、それが正解。

　たしかに、車種ごとに得意な分野、不得意な分野というのはあります。だからといって用途優先で本命じゃないバイクを選んでも、愛着が湧かないんですよ。バイクを維持していくのはお金が掛かるじゃないですか。愛着がないと、そういうときに嫌になっちゃうんですよね。

　例えば、あなたが「うおー、このオフ車格好いい! 乗りたい!」って思っていたとします。そのとき「ツーリングとかには向かないっていうし、諦めてこっちのバイクにしたほうがいいのかな……」ってなっちゃうのはダメ。それはオフ車でツーリングに行けばいいんです。たしかに長距離には向かないモデルだけど、そのかわりこまめに休憩できるスケジュールを組むとか、不得意な部分を工夫でカバーしてあげればいい。愛着があれば、そういうのは苦になりませんから。それに、乗りたかったバイクというのは、他のバイクに乗っていても、頭の隅にちらつくものです。

　だからバイクを選ぶときは、まず「こういうのに乗りたい!」っていうイメージを固めておくべきだと思いますね。そう思うきっかけは何でもいいんですよ。映画でトム・クルーズがRナインTに乗っているのを見て格好いいと思ったら、RナインTのことを調べて、他に似たようなデザインのバイクがないかも調べてみる。その中で一番に気に入ったやつを買えばいいんです。

　そういう意味でファーストステップとしては、現行車や絶版車の一覧写真とかを眺めて、ビビっと来るモデルを探すのがいいのかもしれません。そういうカタログは書店に行けば売っているし、グーバイクみたいなサイトにも写真が並んでいますから。

　ただ、自分の体格だけは考慮すべきでしょう。体格に合わないバイクを操るのは技術を要することなので、初心者のうち……だいたい免許を取ってから1年くらいですね。そのあいだは避けたほうがいいと思っています。その点は留意しておいて

イメージ重視でOK「これに乗りたい」が大事！

ください。

Q. 欲しいバイクが高くて、予算が足りません……。おとなしく手が届くバイクを買うべきか、それともお金をためるまで我慢するべきでしょうか？

A. ローンで買うのがいいと思います。いや、ローンってはっきりしてるじゃないですか。審査に通るかどうかは金融機関が決めてくれるので、それに通ったんなら、遠慮なく買っちゃえばいいと思うんです。

安いというだけで欲しくないバイクを買っても、それに乗っているあいだに掛かったお金をトータルで計算して「あれを買えたな」って後悔することが多いんです。で、やっぱり愛着も湧きづらい。

だから妥協はしないほうがいい。恋愛に妥協は必要かもしれないけど、愛車選びは妥協をしなくていいんです。

仮に欲しい物が１００万円して、今出せるのは30万円が限度。ローンは通らないけどバイクには早く乗りたい。そういう場合は、お金が貯まるまでのあいだ最低限のメンテナンスで乗りつぶせそうなバイクを買ってしまうという手も、あるにはあるかもしれません。ＥＮ１２５とかは頑丈だから。でも根本的には、しっかり貯金して欲しいバイクを買うのがいいと思います。

Q. 「どうせ転ぶから、初めてのバイクは中古を買ったほうがいい」と聞きました。やっぱりそのほうがいいんですか？

A. 昔は車なんかでも、同じようなことをアドバイスしてくるおじさんが、親戚に1人くらいはいましたね。これも結局、欲しくないバイクを買うことになるなら、やめたほうがいいという話になっちゃいます。

正直ですね、何台目であろうが、そのバイクに乗っているあいだに必ず1回は立ちゴケします。だから気にしなくていいです。ちなみに立ちゴケ以外で転ぶっていうのは、事故ですからね。くれぐれもご注意ください。

こういうふうに言われるのは、昔は中古が安かったからなのかもしれません。適当なＲＺ２５０が解体屋で５０００円で買えた時代と違って、今は中古車もそれなりの値段がしますから。そういう点でも、最初は中古というのは意味がないと思います。もちろん欲しいバイクが中古にしかなければ、中古車でＯＫですよ。

Q. 小さなバイクからステップアップしていったほうが安全だという説があるけど、本当ですか？

A. これは免許とバイクの二通りがありそうですね。まず免許の話でいうと、金銭的な問題などがある訳でもなく、いきなり大型自動二輪を取れる状況なら、大型がいいと思います。なぜなら、なんの限定も無い免許だから、自由度が高い。１２５でも１２００でも、すべてのバイクの中から好きな物を選べるじゃないですか。だからって普通自動二輪と比べて取得の難易度がすごく高いのかといえば、そんなことはないし。

実際に乗るバイクで言ったら、小さい排気量からスタートして乗り換えていくほうが良いというのは、事実ではあります。小排気量車は軽くて取り回しがいいから、乗っていても不安が少ない。制動距離も短いし、重量が軽いから転倒してもダメージを受けにくかったりする。不慣れなうちに練習してうまくなるという意味では、小排気量車のほうが適しているんですね。いきなり1200ccのVMAXで狭い道を走り回れと言われるよりは、125で走れって言われたほうが、まだ安心できるじゃないですか。

だから250にも750にも1200にも乗りたいバイクがあるというなら、250から順に乗り換えていくのもアリだと思います。ただ普通は、1年2年で買い換えて排気量をステップアップしていくなんていうのは、経済的に難しいと思いますけど(苦笑)。

その他に小排気量車から始めるメリットがあるとしたら、バイクに乗るのが億劫になりづらいということかな。「せっかく免許も取ったし、大型のほうがいいんでしょ」というなんとなくのイメージで買ったけど、重いから乗るために引っ張り出すのも面倒だし、運転にも気を遣うので、だんだん足が遠のいてしまう……というのは、結構あるパターンかも。小排気量車はそういうネガがあまりないから、楽しさを実感してハマる前にバイクが嫌になっちゃうというリスクは少ない気がします。

自分の体格に合った排気量を選べるのって、だいたい3台目以降なんですよ。1台目で軽いやつを選んで、2台目で目いっぱい大きいやつを買って持て余して、「自分には600ぐらいがちょうどいいのかな」って、3台目くらいで落ち着くところが見えてくる。その間に、車種もロードからオフ車やアドベンチャーに変わったりしてね。無理に小排気量車から始める必要は無いけど、大小どちらも乗ってみると、自分の好みや適したサイズが見えてくると思いますよ。

▲大きいバイクは取り回しに力がいるし、気も遣う。自分の体格や使用環境も考慮に加えてみるといいだろう。

Q. バイクに興味があって、125ccなら手軽そうだし、免許を取ってみようかと思っています。でも小型限定を取るなら、普通や大型を取ってしまったほうがいいんでしょうか?

A. 新型コロナウィルスの影響もあって今は原付二種のカテゴリーが好調だし、こういう思いの人も多いかもしれません。

規制緩和やら何やらの影響もあって、小型限定免許はかなり取りやすいんです。自動車免許を持っていれば最短2日で修了できるので、バイクへの入り口としてメチャクチャ間口が広い。これだけ短期間で取れるのであれば、ファーストステップとして取得してみるのはアリだと、僕は思っているんです。

同時に、バイクに興味はあるけど、わざわざ大型を取りに行くほどじゃない、という人にもいいですよね。特に女性の場合。男性と女性の「ちょっと乗ってみたい」はかなり重さが違う気がします。1回乗ったら本当に満足して「もういいや」ってなるかもしれない。もしそうなっても、2日で取れるなら「まあいいや」と思えるでしょう?

お試しという意味では、僕の動画でよく登場する道志レジャーランドみたいな、クローズドコースに行ってみるのもいいと思います。私有地だから免許が無くても運転できるし、レンタルがあるところなら、バイクを持っていなくても走れますからね。

こういうところを入り口にすると、教習所に入所する前からバイクに慣れることができるので、普通や大型の免許も取りやすくなると思います。一日遊んでいれば、発進や停止、半クラの感覚はどんなもので、クラッチやシフトをどう操作すればいいのかという基本的なことは、すぐ覚えちゃいますから。

コースっていうと、熱心な人たちが1分1秒を争っている近寄りがたいイメージがあるかもしれませんけど、初心者が気軽に遊べるところもあるので、気になった人は調べてみるといいでしょう。それで「バイクって楽しい！　もっと乗りたい！」となったら、免許を取りに行けばいいですしね。

Q. 原付二種と250以上のバイクって、使い勝手がけっこう違うものなんでしょうか？　そんなに変わらないなら、125でもいいかなと考えているんですけど……。

A. 正直、これは違って来ます。例えば僕の場合、125を買ったらツーリングには行かないという判断になっちゃう。高速道路に乗れない125以下のバイクだと、ツーリングに行ける範囲というのは、せいぜい100㎞圏内なんですよ。それを超えてくると、行きはいいかもしれないけど、帰りがキツくなってくる。もう疲れた、日も落ちてきたっていうときに、下道で信号がズラーっと見えていると、ウンザリしちゃうんですよね。僕はKSR-Ⅱで林道走行とかをしていますけど、それは近所に山があるから楽しいのであって、遠くにある山まで片道何十㎞も走ることになったら、たぶん乗らない。車で持って行っちゃいます。

バイクって、同じ距離を走っても、なぜか小さい排気量のほうが疲れるんです。だから同じように下道しか走らなかったとしても、250だとまだ遊ぶ余力が残っていたりする。自分の手足でこいでいるわけじゃないのに不思議だなと思うんですけど、そういうものなんです。

もちろん、好きな人はいいんですよ。何日もかけて下道でツーリングをするのが楽しいんだという人もいる。その気持ちも分かります。とはいえ一般的な感覚で言えば、125が向いているのは、どこに行くかがある程度決まっている人だと思います。

そしてなにより大きいのは、物理的に行けない場所が出てくること。たとえば海ほたるなんかは、アクアラインの途中だからどうやっても無理。一般道でも、125cc以下は通行禁止の橋やバイパスが意外にある。ツーリングコースとして有名な道路が通れないこともあります。そういうのをいちいち迂回するのは面倒くさいし、走りたくても走れないというのは、自由ではありません。だから125までのバイクとそれ以上のバイクは、まったく違うものだと思っています。

原付二種の強みとしては、ファミバイ特約が使えることでしょう。250以上のバイクや自動車で任意保険に入っていれば、ファミリーバイク特約を付けることで、50ccや125ccの任意保険が年間1万円くらいでまかなえてしまう。しかも何台持っていても値段は変わらない。これは最強です。だから一番いいのは、制限の無い250以上のバイクと125を2台持ちして、その日の気分や行きたい場所によって使い分けるというスタイルじゃないですかね。

こういう仕事をしているので僕もバイクを複数台所有しているんですが、そうするとそれぞれのメリットだけを享受できるので、いいですよ。どうしても乗らないやつが出てきちゃったりもするけど、それも悪くないと思うんです。人間には無駄が必要なんですよ。必要なことだけだったら、起きて食べて働いて寝るだけになっちゃいますから。乗る機会は少ないけど、好きなバイクがいっぱい並んでいたら、それは幸せ。無駄こそ幸せなんです。

ファミバイのおかげでそういう楽しみ方が比較的簡単にできるっていうのも、もしかしたら原付二種の魅力かもしれませんね。

▶ここは海沿いを走れる観光道路だが、残念ながら通行禁止。こういうところが125ccのネック。

乗る前編

バイクの種類とその特徴

ひと口にバイクと言っても、種類によって形は様々。そこから生まれる違いを知れば、愛車選びがもっと楽しくなるかも!

用途が形を生み、形が傾向を生み、面白さの違いが生まれる

さて、ここではバイクにどんな種類があるのかを見ていきましょう。

先ほどのコーナーでお話したように、愛車候補を探すには、どんな種類があるのか知っておくのがいいと思います。まだ「コレだ!」という物に出会っていない人でも、ちょっと気になるバイクぐらいは、たぶんありますよね。おそらくそれが、あなたの好みの方向性なのでしょう。気になるバイクと同じカテゴリーには、テイストの近いモデルがあるはずなので、チェックすればビビッと来る1台が見つかるかもしれません。

それに、カテゴリーごとの特徴を知れば、ルックス以外の傾向も見えてきます。

そもそもどういう基準でバイクのカテゴリーが分かれているのかというと、基本的には用途。そして、その用途で必要とされる条件を満たそうとすると、ある程度ルックスが決まってくるんです。

例えばオフロード車には、未舗装の荒れた道を走るという用途があります。そうなると、路面の凹凸に腹回りがぶつからないよう、エンジンの位置を高くしたい。大きい衝撃をいなすため、サスストロークも長くしたい。不整地では軽い方が扱いやすいから、なるべく不要な物を取り去って、コンパクトなサイズにしたい。……というような条件を満たそうとすると、皆さんご存じのオフ車のルックスになるわけです。そしてルックスが似ているから、車高は高いけど軽量コンパクトで扱いやすいという、共通した傾向が生まれてくるんです。それを知っておけば、そのバイクに乗っている自分のイメージが、もっとハッキリ見えてくるのではと思います。

以前の本『とりあえずバイクに乗れ!』では、ネイキッド・スポーツ・ツアラー・オフロード・アドベンチャー・アメリカン・ネオクラシック・スクーターの8カテゴリーに大別して特徴を紹介しました。しかしあれから5年がたち、その分類や人気のジャンルも、けっこう様変わりした感があります。

例えば教習車でおなじみのCB400SFは、当時であればネイキッドかスポーツのカテゴリーだったと思うんですよ。でも本書執筆時のホンダのホームページでは、オーセンティックに分類されています。他にも、ヤマハからオフロードという枠が消滅して、アドベンチャーに統合されていたりだとか。

売れ筋もね、あの頃はNinjaを中心としたフルカウルのスポーツモデルが盛況でしたが、今はネオクラシックが人気になっています。

そうした変化を踏まえつつ、今回は9つのカテゴリーに分類し、僕が感じる人気の順に紹介してみようと思います。

とはいえ、カテゴリーはバイクメーカー全体で統一されているわけではないし、何かと何かの中間に位置するようなバイクもあります。あくまで僕の考えによる分類ではありますが、愛車選びの参考にして頂ければ幸いです。

01

スポーツヘリテージ

懐かしさを感じさせる味わい深いデザインが魅力

参考車輌

ヤマハ
SR400

スポーツヘリテージというカテゴリー名は、ヤマハが使っている名称です。“ヘリテージ”は日本語に訳すと“遺産、継承物、伝統、伝承”。要するに、ルックスにクラシカルなテイストを盛り込んだモデルのこと。以前の本でネオクラシックと呼んでいたカテゴリーが、この名前に変わった感じです。ヤマハではSRやXSR、VOLT、カワサキはW800、Z900RSといったあたりが該当するでしょう。ホンダのオーセンティック（日本語だと“正当な、本格的な“という意味）も、このくくりだと思っています。CBがこのカテゴリーに入るのはある意味象徴的で、僕のような40代以上がイメージするネイキッドのスタイルって、もはやクラシカルなものになっているんです。

このカテゴリーはルックスによる分類ですが、ある意味ルックスこそが用途であり特徴でしょう。「こういうのに乗っている俺、かっこいいな」と思えるのが用途の一部。

レトロでクラシカルなテイストというのは、今本当に人気です。レブルが売れているのも、アメリカン人気が復活したとかではなく、クラシカルな雰囲気に引かれた人が多いんだと思います。

やっぱりね、伝統的なスタイルだから、時間がたってもデザインが陳腐化しないところがいい。変わらないことが魅力なので、尖ったデザインのニューモデルが発売されても自分の愛車が色あせない、愛着を抱き続けられるっていうのは、満足感が高いです。

ルックスによる分類なので、アメリカンやスポーツなどが混在しており、乗り味の傾向は千差万別。ですが共通点として、足つきがよく、ポジションもアップライトの自然な物が多い印象です。そういう点で、初心者にもとっつきやすいモデルが多いと思います。SRのようにエンジンが味わい深い物も多いかな。鼓動感を味わいながらマイペースに街を流し、たまにグイッとアクセルを開けてトルクを味わって……っていう乗り方が楽しいカテゴリーです。

◀▲SRは40年以上に渡って販売され続けたモデルであり、スポークホイールや丸目のヘッドライトのクラシカルさは、まさに当時のバイクの姿を伝えるもの。そのため、近年発売されたヘリテージモデルでも、丸目のライトの採用率は高い。

02

125ccクラス

気軽に扱え 維持費も安い シティーコミューター

参考車輌
ホンダ
CT125 ハンターカブ

2番目に人気なのはコレ。排気量によるカテゴライズなのでいろいろなタイプのバイクが混在していますが、大別すると2通りでしょう。1つは、PCXやアドレスのようなスクーターモデル。手頃な価格で実用性が高く、近所を快適に移動できるシティーコミューターですね。もう1つはハンターカブやグロムのような、バイクらしさを感じさせる、ちょっと趣味性の高いモデル。こちらは価格がやや高めですが、ハンターカブは、乗ってみると「ああ、このくらいの値段はして当然だな」って納得できる作り込みがされています。しかしハンターカブはすごい人気ですよね。クラシカルなスタイルだから、ヘリテージとしての人気もきっとあるんでしょう。

どちらのタイプも、コンパクトなサイズ感で取り回しがしやすく、街中を気軽に乗り回せるのが共通した傾向。保険にファミリーバイク特約が使えるから、維持費が安いのも特徴でしょう。

これはボディ全体がカウルで覆われた、いわゆるフルカウルのモデルを指すカテゴリー。魅力としては、ヘリテージとはまた違った方向で「乗ってる人が映える」というところです。存在感のある大きなカウルによって、カラーやデザインがグッと主張してきます。

これも低価格化とプレミアム化の2系統に分かれていて、CBR650Rのようにベーシックな価格の物は、ポジションがキツすぎるということもなく、気を張らずにシティーユースで普通に使えて、スポーツ車らしい運動性能も味わえます。

一方プレミアム路線のCBR600RRといったモデルになると、急にレースを意識したような作り込みになりますね。最大馬力の発生回転数がかなり高く、足回りも強化されていたりだとか。

ぱっと見では同じようなバイクに思えても、こうした細部の違いがあるので、自分の用途に合致した物を選んでください。

03

ロードスポーツ

乗る人を映えさせる デザインの面白さ

参考車輌
カワサキ
Ninja 250

04

アドベンチャー

長距離が快適なオンオフ両用モデル

参考車輌

BMW R1200 GS

おじさんホイホイですね、このカテゴリーは。なぜか年を取ると引かれてしまう。筆頭はBMWのR1250GSシリーズでしょう。国内メーカーであれば、スズキのVストロームや、ホンダのアフリカツイン、ヤマハのテネレなどが該当します。

特徴としては、オンロードだけでなく、オフロードも意識した作りになっていることでしょう。というか、オフ車のかわりに出してるんだと思います。そんなに本格的なところへは行けませんが、舗装が荒れた道や砂利敷きの道でも、えいっと入っていけるのがいいですね。

とはいえ、オンロードに多くの比重が割かれているため、ロングツーリングが快適なモデルですね。シートの座り心地もよくて、体を起こした楽なポジションだから、疲労しづらい。車体が大きいのも安定感に寄与しています。まぁそれ故に、足つきや取り回しは、ちょっと悪い傾向にあります。体力が衰える前に乗ってほしい車種です。

これは先述の通り、カテゴリーとして消滅したくらい人気がない。メーカーの人に聞くと、世界的に売れていないそうです。国内4社で現行販売しているのは、生産終了を除くと、ホンダのCRF250LとカワサキのKLX230しかない。でも個人的に好きだから特別枠です。

傾向としては、スピードが出ない、走行風がキツい。なのに楽しくて、全部が道に見えて山に入りたくなる。雨が降ると外に出たくなる。オフ車がいいなと思える人は、過酷な状況ほど走りたくなるという変な病気にかかる可能性が高いです。

軽量で取り回しがいいので、体力のない女性にもお勧めだし、実は街乗りにも向いています。シートの固いモデルが多いので、長距離はちょっと苦手と言えるでしょう。よく言われる足つきですが、セローは悪くないです。KLXはつま先ツンツンで、CRFは両者の中間くらいかな。でも車体が軽いから、慣れちゃえば問題ないと思いますよ。

05

アドベンチャー（オフロード）

実は街もイケる冒険マシン

参考車輌

ヤマハ WR250R

06
アメリカン

今や本場が席巻する長距離クルーザー

参考車輌
ハーレーダビッドソン XL1200CX

これも国内メーカーから消えたカテゴリーですね。一応VOLTやレブル、バルカンSがありはしますけど……。結果として、現在はハーレーの独壇場。その名の通り、本当にアメリカのバイクを指すようになってしまいました。

外観の特徴は、ロー＆ロングなフォルムと、存在を主張するVツインエンジン。ハーレーは広大なアメリカ大陸を走る目的で作られているので、カーブこそ得意ではないものの、ロングツーリングに向いています。排気量が大きいからスピードも出はするけど、エンジンの鼓動を味わいながら、ゆっくり走る方が楽しくて気持ちいいです。バイクが人間をせかしてこない。のんびりが楽しいバイクって貴重ですよ。僕なんか30〜40㎞で走ってます。

シート高が低いため、女性でも足つきに困ることはないでしょう。車重は重いですが、重心が低いので、取り回しの不安も意外に少ないです。

これはロードスポーツの中でも、カウルがついていない、もしくはその面積が少ないモデルを指します。ホンダのCB、ヤマハのMT、カワサキのZ、スズキのSV650やジクサー250が代表的な例。

ネイキッドも運動性能の良いモデルですが、じゃあカウル以外でロードスポーツとの違いがあるのかというと、実はあります。

ネイキッドの場合、位置の高いアップハンドルが大半です。そしてタンクの形状が、太った人でもつっかえないようになっている。これは大真面目な話で、要するに誰もが日常的に使える方向性になっているんです。だからエンジンも、最大トルクや馬力が比較的低めの回転数で出るようになっている。そっちの方が扱いやすいし、普段の走りの中で面白さが味わえる。そういう傾向があります。カウルがない分、高速道路での快適性は劣るかな。あとは見た目の好みでしょう。やっぱりそこが一番大きい部分だと思います。

07
ネイキッド

万人が楽しめる日常の面白さ

参考車輌
カワサキ Z250

08
スクーター
実用には最適な通勤コミューター

参考車両
ヤマハ
マグザム

これは都市部での通勤コミューターとして125クラスが健闘していますけど、250cc以上のビッグスクーターと50ccの原付は壊滅に近い。20年前のビクスクブームは幻だったのかと思うくらい、趣味として乗っている姿を見かけることが減ってしまいました。

だけどやっぱりビクスクも、通勤に使われる姿は今でも目にします。そのことからも分かるように利便性は高い。シート下に荷物が山ほど入るし、運転は楽でとにかく疲れない。移動距離が長く、125では通行できない道が近所にあるという人が、普段の足として使うにはいいと思います。中古車の相場も、2021年現在は底値です。

基本的にATなので、操る楽しみや運動性の面白さといったものは、あまり求められません。そういう人にはT-MAXやX-ADVのようなスポーツスクーターがお勧め。もちろん利便性や快適性は、ある程度犠牲になっちゃいますけど。

電動バイクは完全に新しいジャンルです。といっても新しすぎて、まだ時期尚早といった感が否めません。これは完全に2系統に分かれていて、スクーターなどのエコノミーユースで作っている物と、スポーツ走行を意識した物があります。

現状では航続距離が大きな制限になっています。20～30㎞圏内を移動するなら問題ないし、燃料代もかなり安い。だから近所の買い物であるとか、お店の配達にはとてもいいと思います。ただ趣味の乗り物としてスポーツ走行をすると、急加速したらあっという間にバッテリーが減ってしまう。充電インフラが整うまで、ツーリングは夢と思うしかない。でも面白さはあるので、期待はしたいですね。EV車が使用するモーターは、エンジンと違ってどの回転数でも最大出力が出せるので、サーキットを走ったらメチャクチャ早い。それにデザインの自由度も高いので、アニメに出てきそうな独創的なモデルが生まれると面白いですね。

09
EVバイク
モーターで動く新世代のバイク

参考車両
glafit
GFR-01

乗る前編

初心者には分かりにくい違い

耳にしたことはあるけれど、どんな効果があるのかよく分からない……。
そんなパーツがバイクには結構ある。いったい何が違うんだろう？

同じ部分のパーツでも、構造によって違いが出てくるのだ

Q. キャストホイールとスポークホイールって、見た目以外にも違いがあるの？

A. あります。あるんですが、一番大きいのはやっぱり見た目かもしれません。

タイヤを填めるホイールに、針金のような棒がたくさん伸びているタイプがあります。あの棒をスポーク（正確にはワイヤースポーク）といい、そこからスポークホイールと呼ばれています。スポークがたわむことで衝撃を吸収するという特徴があり、オフ車に採用されることが多い理由の一つになっています。もちろんアスファルトの上でも効果があり、路面の凹凸をマイルドに受け流してくれる。

デメリットは、掃除が面倒ください。細かい部品が入り組んでいるから洗いにくいし、鉄なのでいずれ錆びます。それから基本的にはチューブタイヤを履くことになるので、交換のときにチューブ代が掛かったり、重量が少し増えたりしますね。

▲左がキャストホイールで右がスポークホイール。今はキャストを装着したバイクが多い。

一方のキャストホイールは、キャスト（鋳造）という製造方式が名前の由来。一般的にはチューブレスタイヤというのを履いています。メリットは、軽量かつ頑丈なこと。形の自由度が高いので、いろんなデザインの物が存在します。パンクしたときに修理が簡単というのも利点かな。そのときの空気の抜け方も、ゆっくりなことが多い。運が良ければ、走れなくなる前にバイク屋さんへ到達できるかもしれません。チューブタイヤは、釘などを踏むと一気に空気が抜けてしまいます。

それぞれに特徴がありますが、一般のライダーにとっては、やっぱりデザインという部分が大きいでしょう。僕はクラシカルな雰囲気のスポークが好きですね。衝撃も和らげてくれるし。軽量化がしたくて、キャストホイールをマグネシウムやカーボンといった素材の物に交換しようと考える人も多いですが、軽さよりもスポークの弾力性のほうが、普通の人の走りには影響を与えてくれると思います。今は大排気量車が主流で、重くなれば衝撃も強くなりますから。

Q. バイクの紹介記事で「倒立フォーク」を採用した本気モデル」っていうのを見たんですけど、普通のやつとは何か違いがあるんですか？

A. 前輪の横からハンドルのあたりまで伸びている2本の棒のことを、フロントフォークと言います。あの中にはバネやオイルが入っていて、伸縮することで路面からの衝撃を吸収してくれているんです。

バイクのハンドルを下に押すと、太い筒（アウターチューブ）の中に、メッキされた細い筒（インナチューブ）が入っていくのが分かるはず。このアウターチューブが下側に付いているのが正立で、上側に付いているものが倒立になります。だいたいのバイクは正立で、倒立が装備されているのは、たしかに走りの良さを売りにしたモデルが多いです。

　バイクの運動性は、いろいろな要素の組み合わせで成り立っています。皆さんが耳にすることが多そうなものだと、例えば〝マスの集中化〟。これは重い物をなるべく重心付近に寄せることで、車体がクイックに動くようにしようということ。他にもバネ下の軽量化だとか、剛性のアップとかたくさんありますが、そういう運動性能を上げるための要素を考えたときに、倒立のほうが適した構造を持っている。だからレーシーなモデルに採用されることが多いんです。

　……とはいえ、この本を読んでいる人はそんな専門的な話は求めていないだろうし、興味があるのは〝実際乗ったときにどうなのか〟ですよね。

　正立と倒立を乗り比べて明確に違いを感じられるかというと、一般道レベルではほとんど感じられないかもしれない。僕も分からないです。サーキットで集中して追い込んだりすれば、違いを感じられるのかもしれません。

　誰でも分かるのは、デザイン性が違うという点でしょう。倒立ってアウターチューブが金色になっていたりとか、派手なデザインなことが多いんですよ。なので普通の人は性能を求めてというより、そうした部分を重視して選ぶのがいいかもしれません。

▲左が正立フォークで右が倒立フォーク。上下どちらが太いかが見分けるポイント。

Q. ヘッドライトの電球にも、種類があると聞きました。どんな物があるんですか？

A. これはバイクでいうと、だいたいハロゲンかLEDということになりますね。

　ハロゲン球を使ったヘッドライトは昔から使われてきたオーソドックスな物。やや暖色で、比較的光が柔らかい感じがします。昔は全部これでした。

　しかし近年はLEDを採用するモデルが増えています。数年前に、家庭などで使う電球を全部LEDに切り替えるという方針を政府が出してたくらいなので、バイクも当然それに倣う形でしょう。

　どちらがいいかというのは、それぞれに特性があるので難しいところ。例えばLEDの強力な光がいいという人もいれば、LEDだとなんだか全体が見えづらいから、ハロゲンのほうが好きだという人もいる。たしかにLEDは、標識はクッキリ見えるのに、自然物はそれほどでもない感じがします。これは光の波長によるものです。

　とはいえ、この辺は時間の問題で解決されると思います。パソコンのモニターみたいなものです。液晶モニターが出始めのころは、ブラウン管と比べて発色が悪いと言われていました。「色の深さがないし、こんなのダメだ」って不評だったのに、今は液晶画面のほうが良くなっていて、誰も文句なんか言わないですよね。ネガティブな部分が改善されて、不満なく使える状況がやってくるはずです。

　それに、機構的な事情もあります。メーカーによって呼び方は変わりますけど、アダプティブヘッドライトというのがあります。状況に応じて照らす範囲や方向を変えてくれる技術。昔のハロゲン球では、レンズの凹凸や角度を工夫することで範囲を調整していたんですけど、アダプティブはリフレクターなどの物理的な動きで照らしたいところを照らしている。つまり、バイクについているあのヘッドライトの中は、いろんな物が入ってすごく高性能化してきているんです。同じことをハロゲンでやろうとすると、おそらく発熱だとかスペースだとかの問題で、技術的な制約が出てくるんじゃないかと思います。そういうのも、LEDへの変化を後押しする要因でしょう。

自分もLEDにしたいからカスタムしようという場合、購入する商品に注意してください。車検に対応した製品であることを証明する〝Eマーク〟が付いている物じゃないと、車検に通らない可能性があります。逆にこのマークが付いていると、「これ通るの!?」という物も合格しちゃうから不思議。

例えばすごく小さなテールランプで、しかもその中にウィンカーまで内蔵されているような製品があります。昔からの感覚だと、ウィンカーの面積が規定値より明らかに小さいし、テールランプとしても足らないんですけど、Eマークが付いてるからOK。同じようなサイズだけどマークがないからこっちはダメ、っていうのがあるんですよ。

だから適合品であることを証明する書類が製品に同封されている場合、あとあと必要になるかもしれないから、きちんと保管しておいてください。うっかり捨ててしまうと、車検で泣きを見るはめになるかもしれません。

▲これが別体式ショック。右に見えるのがリザーバータンクで、バネの上にはアジャスターも見える。

Q. リアサスのショックって、バイクによって違いますよね。バネと棒だけだったり、タンクみたいなのが付いていたり。あれはどんなところが違うんですか?

A. これは大まかに言うと、3つのタイプに分かれます。

まず、棒(これはダンパーと呼ばれる部分のパーツです)とバネで構成されたシンプルな外観のものが、基本の形だと思って下さい。

これにプリロード調整という機能が追加された物があります(アジャスター付き、などと呼ばれます)。これが2つめ。

そして3つめは、外側にリザーバータンクを設けてダンパーの性能を上げた物(別体式とか別タン式とか呼ばれています)。

コストの問題もあって、多くのバイクは、最初に挙げた基本的な形の物を採用しています。運動性能にこだわったモデルでは、そのこだわりに応じてコストが掛けられ、2番目、3番目のような機能が追加されていくんですね。

だから別体式が上位モデルで、性能もいいという話なんですが、普通の人が公道で違いを実感できるかというと……これもやっぱり、感じないでしょうね。

でも、調整できるに越したことはないんですよ。プリロード調整ができると、自分の体重や走る路面、天候など、状況に応じてベストな状態にできる訳ですから。大多数の人は、いじることはまずないと思います。

ただ、調節をオススメしたい人もいます。ショックは平均的な体重を想定して設定されているので、平均値よりも大きく重い人・軽い人は、調節すればより適切な状態になるでしょう。

Q. 最近150ccくらいのバイクが発売されていますが、125ccとはけっこう違うものなんでしょうか? 排気量はそんなに変わりませんよね?

A. そうですね。その差はわずか25ccしかありません。でも125の1割は12.5だから、25ccは約2割分。なので、150のほうが2割増しくらい元気に走ってくれるようなイメージですね。しかし排気量以上に大きく違うのは、高速道路に乗れること。小型二輪と普通二輪の利便性の差は、先述したとおりです。

だったら250でいいじゃないかと思うでしょうけど、これ、ポイントは車体の大きさなんです。

もちろん物によりますが、150ってだいたい125くらいのサイズ感じゃないですか。国土の狭い日本ですから、駐車場所の悩みというのを、多くの人が抱えているんだと思います。バイクは欲しいけど、駐車場や駐輪場にはそこまでのスペースがない。そんなときでも、原付二種くらいの大きさなら止められたりするわけです。そのうえ走れる道に制限もないんだったら、万々歳じゃないですか。同じ排気量のバイクは昔からありましたけど、あれが人気なかったのは、デカかったからなんでしょうね、きっと。

250とは100ccも違うので、さすがにパワーの差は感じます。高速道路なんかだと、すぐ頭打ちしちゃう感じですね。とはいえ案外トルクがあるから、普通に街中を走る分には問題は感じません。

ネックになるのは、ファミバイが使えないから任意保険料が高くなること。そこをクリアできるなら、迷うことなく150でしょう。車両自体の値段も、そんなに大きい差があわるけじゃありませんしね。

Q. 欲しい中古車にキャブレターのモデルとFIのモデルの両方があります。キャブとFIって、どっちを選んだほうがいいですか?

A. これはFIしかないでしょう。この人の場合はちょっと注意が必要なんですけど、それは後述するとして、まずはそれぞれの違いを説明しますね。

どちらも役割は一緒で、タンクの中にあるガソリンを、必要な量だけエンジンへ送り込む装置。キャブはニードルなどの部品を組み上げたシンプルな構造で、一定の量を淡々と送り込むことしかできません。

一方のFI(フューエル・インジェクション)は、現在新車として販売されている車両のほぼ全てに採用されている方式。バイクの燃焼状態を最適に保てるよう、送り込むガソリンの量を自動で調節してくれます。あと、しばらく乗らなくても詰まらない。普通の人には、このメンテナンスフリーなところが、最大のメリットだと思います。キャブの場合半年〜一年も乗らなかったら、詰まってエンジンが掛からない。取り外してオーバーホールしなくちゃいけません。でもFIだったら、なんの問題もなく始動してくれます。

なんだかキャブをけなしてばかりですけど、一応いいところもあるんですよ。原始的な構造だから修理がしやすいし、調子の善しあしに人間くささを感じて「こいつも頑張ってるんだな」と思ったりすることもある。

……でもなぁ。僕もSRやランツァといったキャブ車を所有していますが、やっぱりFIに改造できるものなら、してしまいたい。適切な燃料の量って、気温の暑い寒い、標高の高い低いとかでも変わってくる。FIはそれを読み取って調節してくれますが、キャブでは無理ですからね。日本という、四季がはっきりしていて山も多い国では、FIが非常に快適です。

さて、ここで最初に戻りましょう。質問にあったとおり、2010年前後のバイクは、同じ車両でもキャブのバージョンとFIのバージョンが併存したりします。FIがオススメなのは変わらないんですけど、この時期はちょうど切り替わる過渡期・模索期だったんですね。それゆえ、一部のFIには壊れやすい物もあります。車両を確認するときは、この部分に不調がないかを気にしてみるといいでしょう。

▲左がFIで右がキャブ。左はどの部分がFIなのか分かりづらいかも。存在感もキャブのメリット?

乗る前編

知っておきたい よくある誤解

バイクには、ライダー歴の長い人でも誤解していることがあったりする。「こんなはずじゃなかった」と後悔しないために、本当はどうなのかを知っておこう。

知っていれば覚悟ができる。覚悟があれば嫌にならない！

◉フルカウルはレーサーレプリカとイコールではない。

これ、前提として、若い人はレーサーレプリカっていう言葉が分かるでしょうか？　最近はとんと聞かなくなりましたけど、80～90年代には、こう呼ばれたバイクがたくさんあったんです。レース用のモデルを公道仕様に変えた物で、シートはカチカチ、馬力は限界まで上げる。乗りやすさなんて二の次で、とにかく速さを追求した造りになっているのがウリでした。

その時代のイメージがある人は、現在新車で販売されているフルカウルのバイクにも、同じようなイメージを抱いてしまうかもしれませんが、そんなことはありません。

現行のフルカウルモデルは、ハンドルの位置が上がっていてポジションも楽だし、いたずらにパワーも求めていません。だから「こういうバイクは速くて難しそうだな、私が買ってもいいのかな……」なんて構える必要はないです。そういうモデルはもうまったくない。「ほとんど」じゃなく「まったく」と言い切っちゃっていいと思います。

これは良いことだと思います。フルカウルってデザインやカラーリングがいろいろあって、選ぶ楽しみが一番大きいジャンルなんじゃないかと思うんです。そういう楽しさを、ファッションライダーが気兼ねなく味わえるんですから。

ファッションライダーっていう呼び方はちょっとマイナスなイメージがあるかもしれませんけど、そんなことない。僕も含めて、大多数の人はファッションライダーでしょう？　そういう人たちの敷居が下がって楽しみの幅が広がるのは、非常に望ましい状況だと思います。

▲手の位置が高く、前傾もきつくない。最近のフルカウルは肩肘張らずに乗れるのがうれしい。

◉アドベンチャーはオフロードを走れない!?

アドベンチャーというと、長距離ツーリングが快適で、オフロードも走れる万能選手っていうイメージがありますよね。たしかに砂利道くらいは普通にこなせるから〝走れない〟は言い過ぎだけど、少なくなってきたオフ車の代替として「ちょっとハードな林道にも行ってみたいから」って選ぶと、後悔する可能性もあります。

まず基本的なポイントとして、同じアドベンチャーでも、上位と下位のモデルでは作り込みが変わっている場合が多い。下位モデルは正直、ロードバイクのフレームを変えただけでタイヤもエンジンも同じ、ポジションが変わっただけの普通のツアラーということもあります。上位モデルになって初めてIMUなどの慣性計測装置が搭載され、不整地走行を意識し始めているという感じです。ABSと一緒で、こうした機能もやがては下位モデルまで普及していくとは思います。

あと上位モデルはタイヤの選択肢が増えて、いろんなアドベンチャータイヤが履ける場合が多い。これが大きいです。大抵の場合、新車の状態ではオンロードタイヤが装着されているじゃないですか。オフロード用のタイヤとは不整地での食いつきが全然違って、地面がちょっと湿ってたらツルツル滑っちゃいます。だからそれなりのオフロードを走ろうと思うと、タイヤが選べるというのは重要です。

あとは重量と足つきですね。オフ車に比べると重くて足の届きづらいモデルが多いですから。不安定なところを走るほど重さは影響してくるし、足をつきたい場面も増えてくる。プロモーションビデオで、砂丘を走って跳んで……なんていうシーンがあったりするけど、普通の人があれをやったら、すぐにタイヤが填っておしまいです。ああいうのをやりたい人は、セローかCRFを買うのがいいと思います。

◉本格的なオフ車が林道最強というわけではない。

そもそも本格的なオフ車ってなんだという話ではあるんですが、これは要するに、オフロード用の競技車両のような、高回転高馬力マシンのことですね。市販車だと、CRM250ARのようなイメージ。

ピークパワーが高い回転数で出る高回転高馬力マシンは、必然的に高い回転数を維持しながら走らないと、坂とかを登れないんです。それを普通の人が荒れた林道でできるかというと、かなり難しい。

▲一見オフも得意そうに思えるタイヤパターンだが、土が湿っているとこれでもかなり滑る……。

一方でセローのようなマシンは、低回転低馬力、低回転高トルクなんですね。だいたい乗りやすいバイクって、最大馬力が数千回転ぐらいに設定されていて、空吹かしして回転を上げなくても斜面を登っていける。CRMだと最大馬力は8000回転でトルクも細いから、ブンブンとエンジンを回してギアを上げながら登っていくしかない。よっぽど腕のある人じゃないと難しいですよね。

そこが誤解のポイントで、高回転高馬力のほうが坂を登りやすいと思っている人が多いんですよ。でも意外と逆なんです。

それにセローのような良い意味で初心者向きのマシンは、足つきも良好で、低い速度で足をつきながら難所を越えていく、いわゆる二足二輪の乗り方ができる。多くの人はそういうバイクのほうが、林道を楽しめると思います。

◉レーサー系は疲れる!

低いハンドルにバックステップで、覆いかぶさるように乗車するカフェレーサーやフルカウルのマシン。格好いいですね。まさにアスファルトを駆けるようなイメージですが、長距離は正直疲れます。

僕の中でツーリングがつらいのは、やっぱりセパハンなんです。カフェなんかは本来セパハンじゃないものをカスタムしているから、フロントフォークの途中からハンドルを出すことになって、極端に低くなるんです。そうすると前を見るにもグイっと首を上げなきゃいけなくなる。これはすごく疲れるし、ツーリングは本当にしんどいです。

問題なのは、それを分かった上で買うかどうか。バイクの選び方のところで書いたとおり「これに乗りたい!」と思った人は乗るべきなんですが、そうしたデメリットを知らないまま買ってしまうと、後で絶対に後悔するんです。でも承知の上なら覚悟があるから、「それでも俺はこいつが好きだからいいんだ」って受け入れられるんです。

一応ハンドルを高くする方法もありますが、初心者が自分でやるのはハードルが高いかも。なんとかしたい人は、ショップに相談してみるのがいいかもしれません。

乗る前編

スペック表で イメージを掴むには?

**詳細な仕様が書かれたスペック表は、
バイクのイメージを掴む手がかりになる。
どんな点に注目すればいいのだろう?**

何馬力かよりも発生回転数に注目!

メーカーのホームページを眺めていると、〝仕様〟〝主要諸元〟と書かれた項目があります。これがスペック表と呼ばれるものですね。詳細な情報が記載されているので、意味が分かるようになれば、実際に運転したときの感覚を想像しやすくなるでしょう。

とはいえ細かい部分は、ある程度の知識や「この数字ならこんな感じだよな」という実感の蓄積がないとイメージしづらいので、今回は〝馬力〟〝トルク〟〝シート高〟に注目していきましょう。この3つは、実際の乗り味や使い勝手を把握する上で、ポイントになる箇所です。

左上の表は、教習車であるＣＢ４００ＳＦのスペック。「この数字だとあんな感じなんだ」って実感しやすいでしょうから、これを参考にしていきましょう。

僕がスペック表で最初に見るのは、馬力とトルクの発生回転数ですね。ここが変わると、運転したときの印象も結構違うんです。

まずはトルクから説明していきましょう。表の〝最大トルク〟と書かれている箇所ですね。左側の数字は、そのバイクが出せるＭＡＸのトルク。右側のｒｐｍは、そのＭＡＸが何回転のときに発生するかということです。

トルクを大雑把に説明すると、バイクを前へ押し出す力の、粘り強さのようなイメージ。例えば急坂で発進するとき、数値が大きいほど苦もなく登り始める。そこに発生回転数も絡んできて、低い場合は、特に意識しなくてもドドドッと走り出せます。逆に回転数が高いと、ウゥーンってアクセルを開けていかないとエンストしてしまう。これは低い方が当然アイドリングの回転数に近く、すぐにおいしい領域を使用できるから。僕は最大トルクは低い回転数で出ている方がいいと思います。そっちの方が乗りやすいです。

次に馬力。これは〝最高出力〟の欄になります。一般的にＰＳという方の数字が使われることが多いので、そちらで説明しましょう。表の見方はトルクと一緒で、最大値である56馬力が、１１０００回転で発生するということです。

馬力の感覚を伝えるのはなかなか難しいんですけど、簡単に言えば「力強さ」が近いと思います。

例えば、5馬力の原付でも56馬力のＣＢでも、時速50㎞で走ることはできますよね。ただ、そのまま上り坂に入ると違いが出てくる。5馬力の方は失速しちゃうけど、56馬力の方は速度が維持できて、スロットルを開ければもっと速度を出すこともできる。この力強さの違いです。

基本的な方向性として、高馬力（ハイパワー）なバイクは高い回転数で発生し、低馬力（ローパワー）なバイクは低い回転数で発生する仕様になっていることが多いです。

発生回転数が高い場合、イメージ的には、エンジンが早くフケ切る感じでしょうか。それだけに加速感があります。ＣＢの１１０００回転は高い方なので、ああいう感覚だと思

ホンダ CB400SF

車両重量（kg）		198
エンジン種類		水冷4ストロークDOHC 4バルブ4気筒
総排気量（㎤）		399
最高出力（kw[ps]/rpm）		41[56]/11,000
最大トルク（N・m[kgf・m]/rpm）		39[4.0]/9,500
シート高（㎜）		750
燃料消費率（km/L）	国土交通省届出値 低地燃費値	31.0（60㎞/h定地走行テスト値） <2名乗車時>
	WMTCモード値 （クラス）	21.2（クラス3-2） <1名乗車時>
燃料タンク容量（L）		18

このスペックは、2017年に教習所向けに発売されたCB400SFの仕様。馬力・トルクともに、発生回転数は高めだ。比較として同じホンダのGB350を見ると、5,500回転で20馬力、3,300回転で29N・mのトルクとなっている。ちなみに燃費については、WMTCモードの方が実情に近い。CBの場合は21㎞×18Lで378㎞。スタンドへ向かうための余裕として50㎞、燃費の誤差として28㎞を差し引くと、1回の給油で300㎞ぐらいは安心して走れることが読み取れるだろう。

ってください。

回転数が低い場合は、逆にフケきる感覚が小さくなります。最大馬力の発生回転数からレブリミット（これ以上回転を上げてはいけないという上限値）に当たるまで余裕があるので、エンジン自体はまだ回せるんですよ。ただ、さらにパワーが出るわけじゃないので、加速の伸びみたいな感覚は薄いかな。

こう書くと、なんだかローパワーのバイクが性能的に劣るように思えるかも知れませんが、そんなことはありません。

例えば13000回転で30馬力が出るバイクがあったとすると、7000回転ではおそらく20馬力も出ていない。一方で、25馬力しか無いバイクの発生回転数が7000回転だった場合、同じ7000回転なら馬力の低いほうがパワーが出ている。そういうこともあるわけです。それに最大馬力が出ている状態は運転していて気持ちいいですが、大排気量・高馬力・高回転のバイクでそれを楽しもうとすると、免許が何枚あっても足りなくなっちゃう。むしろ同じ排気量なら、低回転域でそれなりの馬力とトルクが出る方が、乗りやすいし楽しくもある。馬力は高ければいいってものじゃないんです。

このあたりのエンジンの感覚は、回転数だけでなく、形式による違いも非常に大きいです。どのエンジンがどんなフィーリングなのかは、以前作った動画がありますので、そちらを参考にしてください。

最後にシート高。これはそのままズバリ、足つきを予想するため。両足がベッタリなのと片足でもツンツンなのとでは、乗る上でのハードルが大きく変わってきますからね。750㎜のCBにまたがったときにどれぐらいだったかというのは、いい指標になると思います。もちろん、サスペンションの沈み込みやシートの形状も影響する部分なので、あくまで参考程度ですが、見ておいて損はないでしょう。

……で、スペック表の見方を説明した後にこんな結論を言うのもどうかとは思いますが、実際に運転したときのイメージを掴む上で一番役に立つのは、結局のところユーチューブだと思います（笑）。プロからアマまでいろんなライダーが動画をアップしていて、大抵の車種はインプレを見られますからね。特に足つきは、自分の身長や体重を提示してくれている場合も多いので、感覚を掴みやすいでしょう。

もちろん注意点もあります。企業がやっているチャンネルであればメーカーへの忖度が働く場合もあるだろうし、普通の人の動画では、個人の好みでしかない部分が、そのバイクへの評価になっていることもある。とはいえ、同じバイクのインプレ動画を何本も見ていれば、「みんなこういうところは意見が共通しているな」って、良いところ悪いところ、どんなフィーリングなのかが見えてくるでしょう。いやはや、便利な時代になったものです。

Go to Video

検索

バイクのエンジンの種類についてフィーリングを解説します。

乗る前編

新車・中古車 購入時の注意点

欲しいバイクも決まって、あとはお店へ買いに行くだけ——。だけどそこにも、チェックしておきたいポイントがあるんです。

見極めるのは車体ではなくお店の「人」

●国内メーカーの新車

これは車体については注意のしょうがないので、主に保証の内容です。大部分は共通しているんだけど、期間などが違う場合もあります。「何が保証されるんですか?」と店員さんに聞いてみましょう。「これぐらいはやってくれるんでしょ?」という自分の中の思い込みと現実をすり合わせることで、誤解によるトラブルを防ぐためです。それとお店の見極め。面倒くさそうに対応されたりしたら、別のお店で買うことを検討してもいいでしょう。購入後も、保証や点検、メンテナンスで付き合いは続きます。その時に信頼できないのはよくありません。

あと、買おうとしているのは国内正規モデルですか? 同一モデルでも海外から仕入れた並行輸入車の場合、基本的には輸入しているお店の保証になり、メーカー保証とはだいぶ内容が異なるので要注意。

保証内容に納得できるのであれば悪くない選択だと思います。正規品のパーツが流通しているから修理にも困らないので、保証以外の部分は正直差はありません。なのにかなり安く買えたりする。扱っているお店が近所にあるならラッキーでしょう。

●中古車

中古車については、まずメリットを確認しておきましょう。まず金額……と思うかもしれませんが、今は中古=安いではありません。程度のいい物はそこそこするし、極端に安い物は、やはりそれなりの問題があります。一番大きいのは選択肢の広さですね。過去に発売された全てのモデルから選び放題。オフ車なんて、そもそもメーカーが出してないから、中古で探すしかない状況です。それと納車が早い。普通はお店に在庫があるので、新車のように何ヶ月待ちというのはありません。

買うときのポイントは、これもお店の見極めです。車両の状態を見抜くのはプロでも難しいので、普通の人には無理。そのかわり、バイクの状態などを質問して、その受け答えで、信頼できそうなお店かどうか判断してください。難しいことでも、分かりやすく丁寧に説明してくれたらベストでしょう。

●旧車

中古の中でも特に注意……というか覚悟かな。そういうのが必要になってくるのが旧車です。僕はそろそろ旧車の定義を見直す必要があると思っているんですよね。皆さんは60~70年代の部品探しに苦労するようなバイクを想像するかもしれませんが、僕はキャブ車だったら全部旧車だと思います。なぜかというと、キャブは放っておいたら詰まってしまう。つまりメンテナンスフリーの度合いが低いんです。だからFIとは別物と考えた方がいい。もちろん00年代くらいならパーツが出る物も多いし、直せるんですけどね。ちなみに90年代になってくると、パーツが出なくなってきて直すのがやや厳しくなります。80年代は部品取り車を用意して拾い集めるレベル。70年代は動いているだけで奇跡。60年代はもう怖いから触りたくないです。

　そうしたことを承知で旧車に乗りたい場合は、できるだけ来歴のわかる物を選ぶべきですね。よくワンオーナーが良いと言われるのは、それが理由なんですよ。直近のオーナーがどういうメンテナンスをしていたかぐらいは、書類などで分かる場合がある。その来歴の中できちんと整備されていたかが重要で、ひとりしか乗ってないから良いという話ではないんです。

　他に手がかりになるのは車検証。これには前回、前々回車検時の走行距離が載っていますよね。そこであまりに増加が少なかったり、逆に減っていたりしたらアウト。やめたほうが良いです。

　あと見るべきポイントとしては、ディスクローターかな。ここが減っている車両は、だいたい3万キロぐらいは走っています。なのにメーターの距離が1万2万くらいだったらやっぱり怪しい。ローターについての話は、以前動画にしているので、それを見てもらうのがいいでしょう。その中でも言っていますが、距離はあくまで目安。適切にメンテナンスされてきたかが重要ですよ。なのにメーター戻しとかをやってしまうということは、何かしら誤魔化したいことがあるんだと思います。

●外車

　こちらの注意点は、点検や修理をしてもらえるお店が限られることを考慮しておくべきでしょう。整備に専門的な知識が必要だったり、パーツが一般的に流通していなかったりして、ディーラーに頼むしか無いという状況がままあります。ハーレーやBMWのように店舗数の多いメーカーであればさほど困らないでしょうけど、近所にはディーラーが無いようなメーカーは、それなりの手間がかかるでしょう。

　特に最近見かける新興海外メーカーのマイナーバイク、もしくは同一メーカーでも一部だけインド製などの車種を中古で買うのは難しいです。こういうところはフレームなどごく一部のパーツだけを生産し、エンジンなどは既存の物を仕入れている場合が多く、そうした物は新車で買っても品質のバラツキが大きい。「保証期間内に走り込んで可能な限り悪いところを直す」ということができればいいんですが、そこまでしてくれるところがどれだけあるかは未知数。やはり店員さんに保証内容を確認し、信頼できるお店なのかを判断しましょう。

　結局のところ、こういう癖の強い外車や旧車は、苦労してでも乗りたいかどうかでしょう。全く苦労しない場合もありますが、そのへんは運次第。運も含めて、覚悟があるかどうかです。

　最後にオークションなどの個人売買も触れておきましょう。これはもう基本的にNGです。一番ダメなのは、個人売買の皮を被った業者。異様な音がする車両でも、ちゃんとしていると書いて出品してしまう。そのくせ最後には〝ノークレーム・ノーリターン〟と、まったく逆のことが書いてありますから。その段階でもうダメ。いじるためにレストア目的で買うならともかく、少し修理すれば行けるだろう……なんて考えならやめたほうが無難。完全に運任せですね。

Go to Video

ヤマハXJR400R-3参考動画：6万キロ超のディスクローターを見せます

ポイントまとめ

- **●保証の内容をしっかり確認!**
- **●お店の人を見極め、信頼できる店舗で購入する。**
- **●適切にメンテナンスされてきたかを知れるかどうか。**
- **●年式の古い旧車やマイナーな外車は覚悟が必要。**

乗る前編

二宮が気になるバイクはこれだ!

突然ですが、ここで僕が注目しているバイクを紹介しましょう。
乗りたいバイクを探すときの実例として、
「そういう基準で選んでいいんだ」と思ってもらえれば幸いです!

“行ける!”と思わせるオールランダー

僕はやっぱりオフロードというカテゴリーが好きなんです。その中でも、オススメしたいのはセロー。CRFも悪くはないんですが、セローの親しみやすさというのがいいんですよ。なんだかデザイン的にも身近だし、乗り味的にもとっても優等生。街乗りでも便利だし、ツーリングもこなせるし、林道に行ったら圧倒的な信頼性がある。セローを悪く言う人っていないじゃないですか。初心者からベテランまでを満足させる、長年の積み重ねが生んだ完成度は、さすがのひと言です。

そういうオールラウンダーなところが、オフ車を勧めたくなる理由。それに、見えている景色を行ける場所にしてくれる。山を見たら「入れるな」と思えるんです。行けるところと行けないところが頭の中で分かれてしまうのが、速いバイクじゃないですか。行ってみたいと思っても、ハイパワーの重たいバイクじゃ、コケの浮いた山道は怖い。上級者になれば行けるんでしょうけれど。

それを何も考えないで、技術も何もないうちから、あそこも走れるここも走れるという気持ちにさせてくれます。

仮に転倒させても、深刻なダメージは受けにくい。いろいろなパーツが出ているから、壊れたところを直しながらカスタムしてもいいし、それが安く楽しめるのもいい。維持費自体が安いです。250だから車検がなくて、燃費も良好。タイヤだって、オフタイヤはロードの半分くらいの値段で買えてしまいます。あらゆる意味で敷居が低くて、やりたいことをやらせてくれるバイクかもしれません。

それだけに、ファイナルエディションが発売されて生産終了になってしまったのは非常に残念。

でも、必ず復活すると思いますよ。SRとセローは、ヤマハを象徴する看板車ですから。より完成度を高めた姿で登場して、僕らをどんなところへだって、また連れて行ってくれると思います。

30年以上の歴史を持つオフロードの名車

YAMAHA

SEROW

車両重量：133kg
気筒数配列：単気筒
総排気量：249cc
最高出力：14kW(20PS)／7,500rpm
最大トルク：20N・m(2.1kgf・m)／6,000rpm

油冷システムを搭載した
ライトウェイトスポーツ

SUZUKI

ジクサーSF250

車両重量：158kg
気筒数配列：単気筒
総排気量：249cc
最高出力：19kW(26PS)／9,500rpm
最大トルク：22N・m(2.2kgf・m)／7,300rpm

小排気量車の良さが詰まった一台

ジクサーのポイントは、ズバリ「安い、軽い、かっこいい」だと思いますね。

まず価格が安い。今の250クラスは50～60万円することが当たり前なのに、48万円という値段はすごいですよ。安いということはそれだけハードルが低いわけで、興味を持ったときに手を出しやすいですよ。

しかもそんな価格なのに、油冷を復活させたんです。スズキには以前から"SACS"(スズキ・アドバンスド・クーリングシステム)というのがありましたけど、ジクサーには新規に特許を取得した"SOCS"(スズキ・オイルクーリング・システム)が搭載されています。走行風による冷却(空冷)に、オイルによる冷却(油冷)が加わるので、性能が上がるんです。性能とコストって絶対に両立しないんですけど、それを可能にするのが、油冷というシステムなんです。

そういうのを入れてくるのも、スズキらしくて好感度が高い。低コストでいい物を作るっていう姿勢を感じます。応援したくなる。

余談なんですけど、僕が「インプレとかレビューをやらせてもらえませんか?」ってメーカーさんとやりとりをしていると、スズキが真っ先に受け入れてくれるんですね。そういうところでも応援したくなる。……というか、しないと罰が当たります(笑)。

2番目の「軽い」は、158kgという重量。軽いバイクというのは、非常に自由度が上がるんです。なんとなく、自分のやりたいことができそうな感覚がある。だから「やってみようかな」と思える。手近なところですごく楽しめる感じが出てきます。

大きくて重いバイクだと、ある程度スピードを出さないと安定してこないので、振り回す楽しみっていうのが少ないんです。それを楽しもうと思うと、相応のウデが必要になるので、なかなか難しい。

でもジクサーくらい軽いと、日常的に走る街中でも、ヒラヒラと楽しさを感じられる。250だから、エンジンを回せる場面も多いし。そういうのは小排気量車の面白みです。日本なんか山道ばっかりだから、そういうところに持って行ったら、使い切れる楽しさが絶対にあると思うな。これが大型だと、我慢する煩わしさになってしまう。

そして最後の「かっこいい」は、見ての通り。SFになってフルカウルにしてきたのがいいですよ。大きなカウルが着くと、面の押し出しが出てくるし、乗っていてもかっこいいなって楽しくなる。普通はまずフルカウルがあって、そこからカウルを外してネイキッドモデルが生まれるものですけど、ジクサーの場合は先にネイキッドがあって、そこからフルカウルに進化したっていうのも、なんだか面白い。

ジクサーはこのSFの他に、250と150のネイキッドモデルがあります。自分にぴったりくる物を選べるのもうれしい部分だと思います。リアタイヤにラジアルをはいているのもポイントです。

信頼のブランドが放つデザインの魔力

いやー、これ、実際に買っちゃいました。決め手になったのは、やっぱりこのルックス。

僕は自分の持っているバイクにけっこう満足しているので、ニューモデルを目にしても、欲しいとまで思うことは少ないんです。でもRナインTを見たときは、さまざまなバリエーションがあるところにすごく目を引かれたんです。

BMWのサイトをのぞいてみて欲しいんですけど、このバイクはスポーツタイプやオフロードタイプ、カフェレーサータイプとか、いろんなスタイルのバージョンが用意されているんです。その中で、ベーシックなスタイルの〝ピュア〟や、カフェ仕様の〝レーサー〟なんかにも惹かれましたが、一番ビビッときたのは〝スクランブラー〟。19インチのフロントにブロックタイヤを履いているのを見たとき、「こんなの今までにないぞ。俺が求めていたパターンだ!」って思っちゃいました。ネイキッドモデルにはあまり惹かれないんだけど、それがオフ車と組み合わさると、まあかっこいい。こんなバイク世の中にありませんよね。

スクランブラーっていうスタイルは、昔からあるクラシックなものなんですね。そこもいい点で、レーシーなスタイルって先鋭的な格好良さが強いから、新しいカラーパターンとかが出ると陳腐化しちゃうじゃないですか。これは女性観にも通じると思うんですけど、僕は恋人ではない女性を見たときに、一瞬でも「いいな」って思いたくない。そう思っちゃう自分が嫌なんです。バイクでも同じで、新しいカラーいいな、とは思いたくない。

それがクラシカルなスタイルだと、別に新しいパターンが出ても、あっちがいいな、こっちがいいなとはならないんですよね、基本的に。そういうのも選ぶときのプラス要素でした。

あと面白いのが、純正オプションのカスタムパーツが山のようにあること。ベース車両があって、カスタムパーツもたくさん用意されていて、「さあどうぞ。好きな形に仕上げて楽しんでください!」っていう売り方は、今の時代あんまりない。実際にやるかやらないかは別として、自由に選べて、この先どんなふうに改造しようか考えられるというのは、広がりが感じられてワクワクします。ただまぁ、外車なのでパーツはバカみたいに高いですけど。

僕は元々、BMWというブランドを信じているんです。品質的な面で。今のオートバイに採用されているいろいろな技術を、世界初で実現してきたメーカーなんです。たしかに高価ではあるけど、物を作ることに対しての意識がすごく高いせいで、結果的にそうなっちゃうんでしょうね。だから細かく調べるほど、高いなっていう感覚が薄れてきて、その魔力に絡め取られてしまう。

そういう機械的な魅力もあるメーカーですが、RナインTは意外に先端技術が盛り込まれていません。それでもこれを選んでしまったっていうのは、やっぱりデザインの力がなせる業なんでしょうね。

伝統のボクサーエンジンを搭載した個性派モデル

R nineT Scrambler

車両重量：223kg
気筒数配列：水平対向2気筒
総排気量：1,169cc
最高出力：81kW(110ps)／7,750rpm
最大トルク：116N・m(11.8kgf・m)／6,000rpm

CHAPTER 02

乗車編

ホワイトベース二宮祥平の

どんなときもバイクに乗れ!

乗車編

揃えておきたい用具のポイント

**ゆくゆくは揃えたいバイク用のアイテム。
だけど教習所に入る段階で、買っておいていい物もある。
どのアイテムをどんな基準で選べば良いかを解説しよう。**

コロナ禍では購入必須!?

教習が始まる前に揃えるべきなのかという話以前に、現在は新型コロナウイルスの影響で、そもそもヘルメットやグローブのレンタルを中止している教習所が大半らしいです。ということは、選択の余地なく、買わなければならないのでしょう。

まぁ、そうした事情がなくても、僕だったら入所前に買ってしまってました。他人のヘルメットをかぶるのは、あまり気が進まないので(笑)。

でも本当に、ヘルメット、グローブ、シューズは買ってしまっていいと思いますよ。どうせ免許を取ったら必要になる物ですから。プロテクターはライディングジャケットで兼用することになる確率が高いので、レンタルでもいいかもしれませんけど。もし買う場合は、服の下に装着できるソフトタイプがオススメです。

教習所で必要になるこうした装備は、免許を取って公道に出た後も、自分の身を守ってくれる重要なアイテムです。適当に買ったら肝心なときに役に立たなかった、なんていうことがないように、選び方のポイントを知っておきましょう。

ヘルメットは適切なフィッティングが重要

注意して欲しいのですが、「ヘルメットはキツめがいい」というアドバイスには耳を貸さないでください。いまだにこういうことを言っている人が多過ぎる。

たしかに、ユルユルの状態だとズレて前が見えなくなったり、事故の衝撃で脱げてしまう危険性があります。だからってキツめの物を買うと、長時間乗ったら発狂するくらい頭が痛くなってくる。これは地獄です。運転に集中するどころじゃないし、だからってノーヘルで乗るわけにはいかないから、脱ぐこともできません。

そうした事態を避けるために必要なのがフィッティング。ヘルメットは、内側のクッションを交換することで圧迫感を調整できます。頭や顔の形というのは想像以上に個人差があるんですよ。頬に当たるチークパッドひとつを取っても、人によっては噛み合わせの問題などで、左はXLサイズ、右はSサイズにしないと痛くなる、ということがあります。僕がまさにそれなんですけど。

そうやってフィッティングした結果、適度に密着した状態になっているのが正しい状態であって、キツいのはダメです。この調整はお店でやってもらうのが一番安心。ただ、これもコロナの影響で、一時中止になっているのをよく目にします。試着自体ができないこともあります。

そうした理由で、試着せずに買わざるを得ない、通販を利用せざるを得ない場合は、サイズの測り方を調べて自分の頭の大きさを測定し、若干余裕を持ったサイズを購入するのをお勧めします。そして実物のフィット感を確認したら、必要に応じて調整用のインナーを注文しましょう。そういう物が販売されていない場合は、売ってもらえないかメーカーに直接問い合わせてみるのもアリだと思います。意外と対応してもらえたりします。それもダメだったら、スポンジを加工して詰め物をした

ヘルメットのオススメはシステムタイプ!

僕が現在メインで使っているのは、OGKカブトのRYUKIというヘルメット。システムは顎の部分が開いてジェットのようになるので、使い勝手がいいですよ。ちょっと水を飲みたい、一緒に走っている人と会話したいというときにも、いちいち脱ぐ必要がないので快適です。機構が複雑なため重量が増えてしまうのが以前はデメリットでしたが、今はだいぶ軽くなっているのでご安心を。

イヤーホールも確認しておきたい

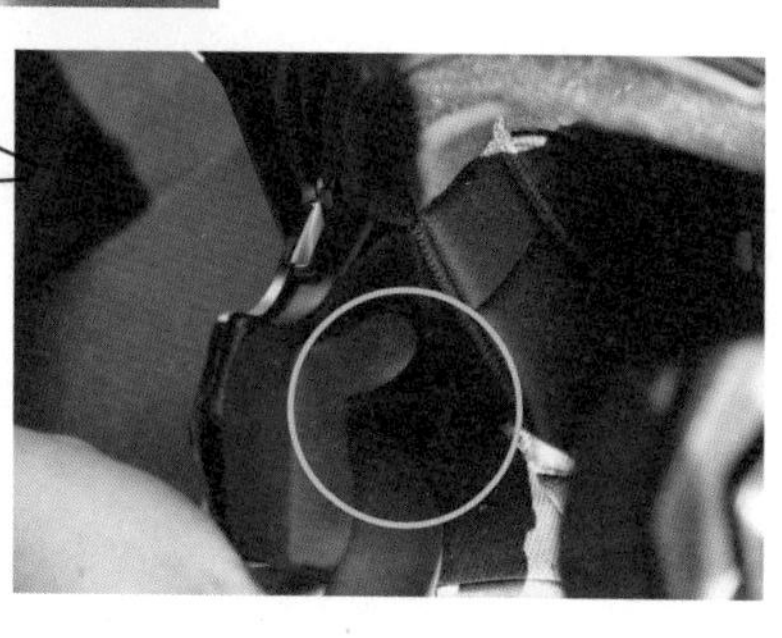

耳の形も個人差があるので、かぶったときに十分な余裕がある物を選びましょう。特にインカムを装着したい人は、できるだけ深さがある物を選ぶべき。スピーカーが当たって圧迫感を覚えるようなら、数時間後には耳がズキズキ痛んできますよ。

り、インナーキャップをかぶるなどして、自分で調整しましょう。あまりに緩すぎる場合もあるので、そういうときにサイズ交換が可能かどうかも、購入前に確認しておくといいです。

もう一つのポイントとして、重量があります。やっぱり軽い方が快適。僕の経験で言うと、1.6kgを超えるとかなり重く感じます。1.4kg台ならストレスはないですね。昔はこのぐらいの軽さだと10万円ぐらいしましたが、今ではカーボンとケブラーを組み合わせた1.3kg台のフルフェイスで、実勢3万5000円前後という物もあります。いい時代になりましたねぇ。

形状については、教習で使うとなると、ジェットか、システムを含むフルフェイスになります。この点は教習所によって差があると思うので確認してください。

個人的にも、公道で使用する際の安全性を考えると、ジェット以上がオススメです。ただ僕は、半ヘルをかぶっている人に「フルフェイスにしろ」と注意する気はまったくありません。そこは個人の判断なので、好みの形状やデザインの格好良さで選んでいいと思っています。道交法の面でも、大型を半ヘルで運転したって問題ありません。

ただ、フルフェイスよりはシステム、システムよりはジェット、ジェットよりは半ヘルの方が、危険性が高いのは事実。暑いから半ヘルがかぶりたい、コンビニまでだしジェットにしよう、なんていうときは、かわりに普段以上に安全運転を意識し、速度を落として車間距離を取るといったことを心がければいいのではないでしょうか。それが一番の事故予防であり、プロテクションになると思いますよ。

最後にシールドについて少し。完全に顔を隠したくてスモークやミラーを着ける人がいますが、あれは夜の視界が悪すぎます。せっかくダブルバイザーが普及しているので、そちらを活用して、メインは透明な物にしてください。どうしてもという場合は、可視光線だけを通して視界を確保できる薄めのミラーもあるので、そういうのを使ってください。

グローブ選びのポイントは防御性と操作性！

丸で囲っているのが、関節や骨、掌底といった保護すべき箇所。そこに十分な防御力を持ったプロテクターが配され、手首までしっかり覆える物を選ぼう。写真はGENIUSのフルオーダーグローブ。僕の手に合わせて作られているので、革製なのに吸い付くようなフィット感があり、抜群の操作性と防御力を兼ね備えている。お気に入りの逸品です。

▲親指はこのように、ウィンカーやホーンの操作などで動かす機会が多い。試着の際は実際に動かして操作性を確認しよう。立体裁断の製品は、手になじみやすい物が多い。

グローブは必要な箇所が守られている物を！

普通の人は足を滑らせて転んだとき、頭や体を守ろうと手をつきます。バイクに乗っていても同じで、身を守るためにダメージを受けやすい部分です。そのため、しっかりとしたプロテクションが施された物を選びましょう。

ケガをしやすいのは、上の写真の箇所。甲側は、関節などの出っ張った部分。手のひら側は、手首付近の掌底と呼ばれる部分です。これらの場所にしっかりしたガードが付いている物がいいです。そこが一番重要なポイントです。

それともう一つチェックしたいのが、指の丈。ハンドルを握ったときに少しでも圧迫感があるようだと、長時間の運転では痛みを感じるでしょう。特に親指はウィンカーのスイッチなどを操作するので、影響が大きい。なので、これも試着が重要です。用品店のグローブ売り場には、フィット感を確かめるためにハンドルを設置していることも多いので、必ず握ってみましょう。そもそも人の手というのも、かなり個人差が大きい部分ですから。

サイズは問題ないけど、実際に使ってみたら、ゴワゴワして操作がしづらい……という場合は、柔らかめのグローブを追加で買うのもいいと思います。そして、そちらを教習所で使いましょう。ただでさえバイクに不慣れなわけだから、操作しやすい方がスムーズに課題をこなせるはず。卒業後も予備として使えますしね。季節という物があるので、グローブは春〜秋物と冬物の最低2個は必要になります。特に暑い時期は、メッシュの物があるといいですね。風が通って快適だし、汗で操作性が落ちるのを防げます。

防水を施した雨用の物もありますが、完璧は求めないでください。僕はかれこれ20万円分くらいグローブを買って試しましたが、雨がまったく染み込まない物はありませんでした。握ると耐水圧を上回る圧力がかかって、水がしみてしまう。防水性能を長持ちさせるのは、どうしても難しいのかもしれません。

バイクに乗るときはの靴は ミドルカット以上を!

　転倒時にケガをしやすいくるぶしは、必ずガードしましょう。つま先もバイクと路面に挟まることが多いため、頑丈だと安心。ソールや甲が柔軟すぎるスニーカーは、やっぱり頼りなさを感じます。ちなみに身長が低めの人は、操作性を妨げない程度の厚底を選ぶのもいいでしょう。足つきの不安が解消されれば、停車時のふらつきも軽減されると思います。

普通の靴を使う場合は こんなアイテムも便利

　シフトガードは、その名の通りシフトから靴を守るアイテム。マジックテープで靴紐に装着できる製品なら、バイクを降りたときに取り外すのも簡単。靴も足も痛まないので、ライディングシューズはちょっと……という人におオススメです。

ライディングシューズは くるぶしを守れ!

　シューズについても、必要な箇所をガードしているかが大事。足でケガをするのは、くるぶしの出っ張った骨です。転倒するとバイクに挟まれたり、アスファルトを滑って削れたりします。だからこの部分までを覆うミドルカット以上の物を選んでください。足首までのローカットの物は、たしかに自由がきいて楽なんですけど、やっぱり危険。ミドルカットでも、靴紐を調節すれば足首の自由は利きます。

　その上で、バイク用がいいのか、普通の靴を流用するのがいいのかですが、基本的にはバイク用がいいですね。これはシフトチェンジの問題が大きく、普通の靴だと、ペダルが当たる甲の部分がすぐに痛んで剥げてくる。バイク用はそこがきちんと補強されているので、靴はもちろん足の痛みも軽減されます。ただ「バイクで出かけ、買い物で歩き回る」というときは、普通の靴を履きたい気持ちになるのも分かります。ライディングシューズって重たい物が多いので、長時間歩くには向きませんから。そういう場合は、上の写真のシフトガードを使うと便利です。

　そうそう、教習所によっては「かかとのある靴」と指定される場合もあるそうですね。あれは要するに、かかと部分が盛り上がって、ソールに段差ができているってことなんでしょう。たしかにあった方が楽ではあるのですが、そこまで大事かなぁ……ってこの本の編集さんと話をしていたんですよ。そしたら編集さんが「不良がサンダルで来るからじゃないですかね」と言うわけです。なるほど。そもそもは「普通の靴」という意味での踵が、時代を経るに連れ『踵の出っ張りがある」に変わってしまった説。いかにもありそうで、思わず笑ってしまいました。

　昔はいかにもバイクバイクしたライディングシューズしかありませんでしたが、今は普段履きにも使えそうなデザインが増えました。外見で敬遠していた人も、改めて用品店のシューズコーナーを覗いてみるといいかもしれません。

プロテクターはライジャケになる?

プロテクターは、主に2通りのパターンがあります。

1つは、プロテクター単体を装着する外付け式。これには硬質なシェル(外殻)があるハードタイプと、クッションのみのソフトタイプがあります。教習所でレンタルできるのは、ハードタイプでしょう。

もう1つは、ライジャケ(ライディングジャケット)に内蔵されたプロテクターです。

どちらがオススメかと言えば、ライジャケです。外付け式は脱着の手間があるし、ハードタイプは厚みがあるので服の上に着けなければならず、目立ってしまう。昔は僕も使っていたんですが、それが嫌でだんだん使用頻度が下がっていきました。なので、欲しいライジャケが決まっていて、免許を取ったらすぐ買いますという人は、教習の際はレンタルでOKです。

ただ、ライジャケを買うのって、たいていの人は時間が掛かるんです。3～5万円くらいするので、どんな物を買おうか悩んじゃう。悩んでいる時間がまた楽しいものだから、実際に購入するころには、バイクに乗り始めてから半年くらいたっているのがパターンです。それに夏物・冬物・春秋物の3着を買ったら合計金額は10万オーバーなので、なかなか一気には揃えづらい。現実的には1年に1着ずつ増やしていく形になるでしょう。

そうなると、ライジャケが一式揃うまでは、プロテクターのない期間ができてしまいますよね。そこをフォローするために、外付けのソフトタイプを買うのがいいと思います。

ちょっとここで、守りたい部分をチェックしておきましょう。

プロテクターが欲しいのは、肘、膝、胸の3点です。肘と膝は関節、つまり出っ張った部分なので、転倒したときにぶつける可能性が高い箇所。胸部は、強い衝撃を受けると心臓がダメージを負い、死亡につながってしまう箇所です。

ソフトタイプは、サポーターのような形状で服の下に装着できる物が多く、目立ちません。価格も肘・膝であれば比較的安価。ただし胸部は、ソフトタイプでインナーで着けられる商品が少なく、価格もちょっと高め。なのでここだけハードタイプにしてもいいかもしれません。そちらの方が値段が手頃ですから。

ジャケットを買ってしまうと使用頻度が落ちるとは思いますが、普通の服で乗りたいときに助かるし、損にはならないと思います。

特に、膝はあると活躍します。バイク用のジャケットは持っていても、パンツは持っていないという人は多いです。今日はガッツリ走るし膝も着けたいな……というときに、手元にあると助かります。

▲ソフトとハードだと、装着した際のサイズ感はこれくらい違う。フィット感はソフトの方が良好だ。

こうやって話していて皆さんが気に掛かるのは、ハードタイプとソフトタイプの防御力がどれくらい違うか、という部分かもしれません。個人的な経験からいくと、それほど変わらない印象です。というのも、アスファルトでシェルが擦れると、けっこう簡単に溶けて、中のクッションまで届いちゃうんです。それを考えると、見た目ほど防御力が高いかは若干疑問なんです。むしろシェルがあることでフィットしづらい側面もあるので、衝撃を吸収するという意味では、ソフトタイプの方がいいのではないかと思います。

胸部・脊椎・骨盤には注意点アリ

だいたいのライジャケは肩・肘・脊椎・胸部にプロテクターが装着できますが、実は胸部だけ別売りになっていることが多いです。ここで知っておいて欲しいのが、メーカーごとに仕様が異なるという点。プロテクターを入れるポケットのサイズが小

胸部プロテクターは使い回せるものを選ぶ

メーカーをまたいで装着できる汎用品を使えば、ライジャケごとに別売りの胸部プロテクターを購入せずにすみます。衝撃が加わった瞬間だけ硬化する物などさまざまな製品があるので、自分のジャケットに装着できて、必要な安全性を備えた物を選びましょう。余裕があったら、季節性を考慮した物を追加してもいいかも。ハニカム構造だと、風が通るので夏場に快適です。

肘や膝はソフトタイプのサポーター型インナーが便利

サポーターのように装着できるソフトタイプは、服の下に着けられて便利。シェル付きだと、服を脱ぐ前にプロテクターを外して、というのが面倒なんですよ。服装の自由度が上がるので、ジャケットを買った後も使う機会はあるでしょう。

さかったり、取り付け方法が違ったりして、「こっちのジャケットで使っていたプロテクターが、こっちのジャケットでは使えない」ということが普通にあるんです。

そこでオススメなのが、さまざまなメーカーに対応するように作られた汎用品。メジャーな取り付け方法はボタンとベルクロですが、そのどちらも使用可能な製品なら、1つで複数のジャケットに使うことができます。もちろんどんな製品にも必ず使えるというわけではないので、自分の持っているジャケットの取り付け方法やボタンの間隔、プロテクターの寸法などを確認し、装着できそうな製品を選んでください。

それから脊椎のプロテクターについて。これは外付け式のハードタイプの場合、デメリットがあります。大体の製品は亀の甲羅のような形をしているのですが、その上端がヘルメットの後部に当たりやすい。すると顔の側がずり下がり、視界が悪くなることがあります。そうなると危険だし、ライディングフォームが崩れて疲労にもつながるんです。どうしてもハードタイプを使いたい場合は、試着の際に干渉具合を確認して、なるべく影響の少ない物を選びましょう。

僕としては、背中は元々が頑丈な部分だし、ジャケットに付属しているプロテクターぐらいでもいいんじゃないかと思っています。もちろん、安全性が高いに越したことはないんですけどね。

最後に骨盤プロテクターについて。これは特に女性に必要な物ですね。性別による骨格の違いから、女性は腰回りの骨が張り出していて、ダメージを負いやすくなっています。

バイクってユーザーの大多数が男性だから、標準で骨盤プロテクターが付属しているライディングパンツはほとんどないんですけど、装着自体はできるようになっている物が多いです。胸部同様、別途購入した物を取り付けてください。

男性でも、線の細い人はケガしやすいんですよね、ここ。ちょっと不安だなと思ったら、転ばぬ先の杖として、装着しておくことをオススメします。

乗車編

入所前に覚えたい バイクの基礎知識

**運転の仕方は教習所で教えてくれるけど、予習しておいて損はない。
必要な点や分かりにくい点を知っていれば、
余裕を持って教習に臨めるはずだ。**

パーツの名前や用語をチェック

実際にバイクを運転できる教習は、ワクワクすると同時に緊張もします。でも予備知識があれば気持ちが楽になるし、教習の難易度も変わってくると思います。

そのためにまず知っておきたいのが、頻繁に操作するパーツの名前と位置。左ページに書いてあるのは、発進や停止で必ず触ることになる箇所です。操作に苦戦することが多いのは、やっぱり半クラッチでしょう。つながっているかどうかの感覚や、アクセルの開け具合が足りているのかという部分が、なかなかつかめないんです。そこで僕が提案しているのが〝鬼の半クラ〟。これは映像が分かりやすいと思うので、QRコードを参照願います。

それから、使用する用語が場合によって違うのも、教習中に困るという声を聞きます。

例えば「ハンドルをしっかり握れ」と言われた後に「グリップをしっかり握れ」と言われると「別の場所を握らなくちゃいけないのかな？」って、混乱してしまうかもしれません。グリップとハンドルは厳密には異なりますが、実際は混同されることが多いので、どちらも同じ意味だと思って大丈夫です。

似たような物を挙げると、〝コーナー〟と〝カーブ〟も同じ意味。〝アクセルを開ける〟〝スロットルをひねる〟は、エンジンの回転数を上げて速度を出すこと。クラッチを〝握る〟〝切る〟は、レバーを握って動力を断絶することです。

こうした言い換えは普段の会話なら問題ないんですけど、故障したときのために、正しい名称を覚えておきたい箇所もあります。

その代表がクラッチやブレーキのレバー。レバーは立ちゴケでも折れることがありますが、それでバイク屋さんやロードサービスを呼ぶときに「クラッチが壊れた」と伝えてしまうと、齟齬が起きるんです。

これ、実際に言われることが多いんです。本来の意味でのクラッチはエンジンの近くにあって、壊れたら重傷です。でもレバーが折れただけなら修理は簡単。事の重大さが全然違うんですね。卒業してからでいいので、必要なときには正しく伝えられるよう、少しずつ覚えていってもらえればと思います。

それと「指導員によって言うことが変わる」という問題もあります。同じ課題でも、「そこは1速で」「いや2速で」と、違うことを言われる場合があります。

これは端的に言ってしまうと、急制動のように明確な指定がある項目以外は、何速でもいいはず。だからやりやすい方でOKです。

指導員の話には耳を傾けなきゃいけませんが、言うことがそれぞれ違うので、傾けすぎてもいけません。だから、もし指導員の指名が可能なら、やりやすいなと思った人を指名し続けるのがいいでしょう。

検索

鬼の半クラ2020ライダービュー「半クラッチ発進の仕方」

各パーツの位置

入所前に知っておくと安心なのは、発進や停止に関わる部分。写真の番号順に紹介しましょう。①はスロットルグリップ。手前にひねるとエンジンの回転数が上がって速度が出ます。“アクセル”と言われたときもここだと思ってください。②はブレーキレバー。握ると前輪のブレーキが掛かります。③はセルフスタータースイッチ。エンジンを始動させるボタンで、“セルスイッチ”“セル”とも言います。④は左グリップ。⑤がクラッチレバー。⑥はウィンカースイッチで、左右に動かすことで点灯し、押し込むと消灯します。ウィンカーやホーンのスイッチ位置は、バイクによって違うこともありますね。⑦は右側フットペダル。⑧はブレーキペダル。踏むと後輪のブレーキが掛かります。⑨は左側フットペダル。⑩はシフトペダル。ニュートラルから下へ降ろすと1速、そこから上げるごとに2速、3速とギアが変わります。ちなみに先ほどの話に出てきた「正しい意味でのクラッチ」は、⑪の部分の内部になります。

ギアチェンジのやり方

動画もありますが、紙面でも発進時のギアチェンジのやり方を説明しておきます。まず写真①のように、クラッチレバーを全部握ります。握った状態のまま、②つま先でシフトペダルを降ろしてギアを1速へ。そうしたら右手でアクセルを開けつつ、レバーを戻してクラッチをつなぎます。エンジンの回転数が低いとエンストするので、2000回転くらいをキープし、③のようにレバーを半分だけ戻した“半クラッチ”で、急発進にならないよう調節してください。

乗車編

意識しておきたいタイヤの空気

免許も取っていざ路上へ!
……でもその前に、タイヤの空気圧について知っておこう。
バイクと路面をつなぐ重要な部分。適切な調整が安全に繋がるのだ!

自然に抜けるし季節でも変わる

タイヤの空気って見過ごされがちですが、唯一地面と接している部分なので、ここが悪い状態だと、きちんと走行できないからよろしくない。週に一度はチェックを……とまでは言いませんが、ある程度は気に掛けて欲しい部分です。

とはいえ空気が抜けている、入りすぎている感覚って、よく分かりませんよね。実際に抜けるとどうなるかというと、操作性に問題が出てきます。感覚としては、前輪が低い場合、ハンドルを切ったときにフラフラする。切れ込みが強くなって、内側のハンドルが押されるような感じ。後輪の場合は、後ろがフワフワと浮いているような、まっすぐ走れない感じになります。

当然操作に不安が出てきます。不安を感じるというのは、つまり体が危険を察知しているということなので、良い状態ではありません。

空気圧が高すぎる場合は、設置面積が本来より小さくなってしまうからタイヤの性能が発揮できないし、特定の部分だけが減る〝偏摩耗〟が起きます。

「何もいじっていなければ、前回入れたときのままじゃないの?」と思うかもしれませんが、実はちょっとずつ漏れていて、自然と減ってしまいます。それから見過ごしがちな要因ですが、季節でも変わることもある。規定値は気温20℃の状態を元に設定されています。空気は温度によって膨張したりするので、例えば真冬に入れた1㎏f/㎠が、夏には2㎏f/㎠になっている場合もあります。

その影響が出る実際の状況は、例えば長期間チェックしていなくて季節が変わっちゃったとか、梅雨の涼しいときに入れて、1週間したら30℃超えの真夏になっちゃった、とかがあります。だから真夏や真冬のような極端に気温が変わる時期になったら、空気をチェックするのがいいでしょう。

あともうひとつ見過ごしやすいのが、重量や走行速度による違い。オフ車に多いのですが、一人乗りと二人乗り、一般道と高速道路の走行で、規定値が異なる場合があります。空気圧が低いまま高速走行をしていると、最悪の場合スタンディングウエーブ現象が起きて、タイヤが破裂することもあり得ます。

じゃあ、そうした規定値はどこで知ればいいのか。これは後輪の近くに貼ってあるシールに書いてあります。もし剥がれているような場合は、ネットで調べて確認しましょう。

ちなみに規定値はバイクごとにけっこう違って、ロード用のマシンだと2.7㎏f/㎠くらいなのに、オフ車は1.4㎏f/㎠くらいだったりします。だから「良く分かんないけど、こんなもんでしょ?」って適当に入れちゃうのは良くありません。

空気を入れられる場所ですが、一番身近なのはガソリンスタンドですね。走る前のタイヤが冷えている状態で調整するのがベストですが、家から5分10分走って最寄りのスタンドに行く程度であれば、走行による熱の影響は誤差の範囲なので大丈夫。店員さんが給油してくれるフルサービス店なら、「空気も入れてください」とお願いすればやってくれま

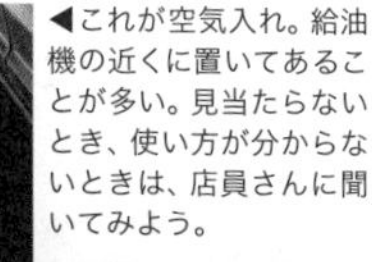

◀これが空気入れ。給油機の近くに置いてあることが多い。見当たらないとき、使い方が分からないときは、店員さんに聞いてみよう。

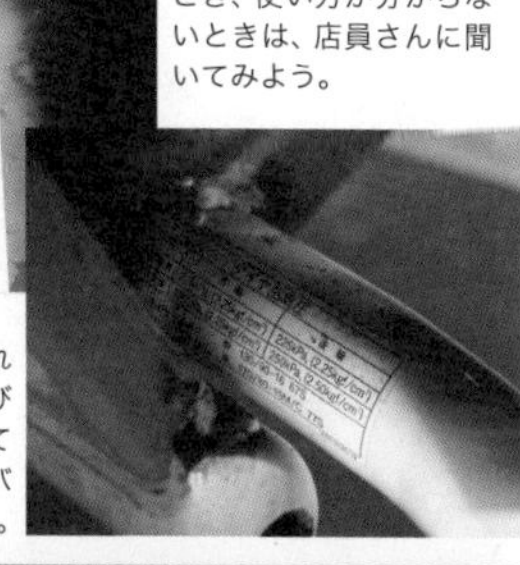

▶空気圧の規定値が書かれたシールは、後輪へと伸びるスイングアームに貼ってあることが多い。自分のバイクをチェックしておこう。

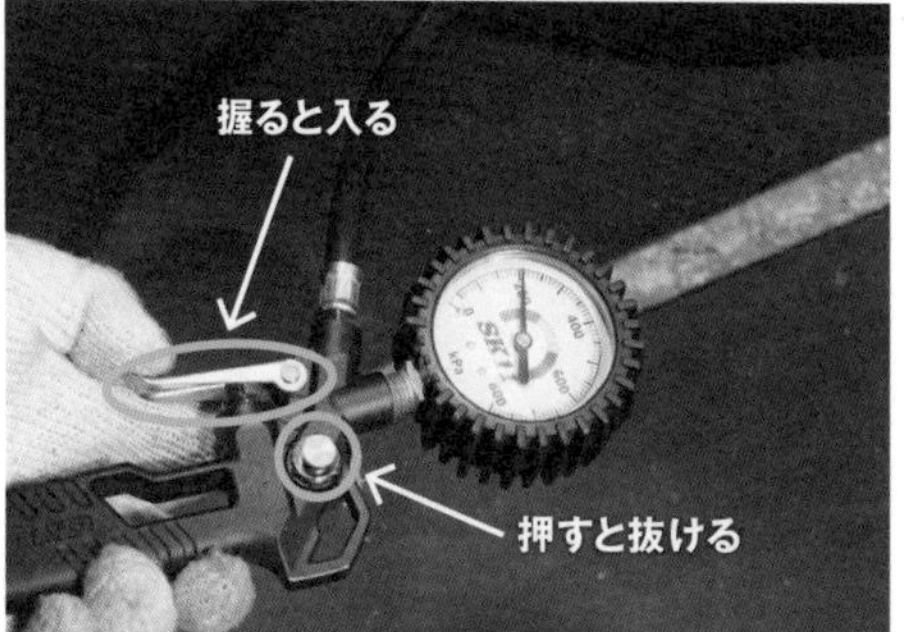

空気入れの使い方

ガソリンスタンドに置いてある空気入れにはいくつか種類がありますが、見かけることが多いのは、左の写真にある銀のボールみたいなタイプ。使い方は簡単で、まずタイヤのバルブに口金を押し当てます。このとき「シュー」という音がするのは、きちんと当てられてない証拠。音がしない角度を探し、その状態をキープしてください。すると、コンプレッサーの目盛りが一定の位置で止まるはずです。これが現在の空気圧。レバーを握ると空気が出ますので、目盛りが規定値に達するまで空気を入れてください。多すぎた場合は、ボタンを押すと空気が抜けます。ボタンが付いていない場合は、バルブ中央部の突起を押して抜きましょう。

ちなみに規定値に書かれている「225kPa（2.25kg /㎠）」という数字。一見複雑に思えますが、2種類の単位で空気圧を表示しているだけです。しかもタイヤの空気を入れ換えるのであれば厳密に計算する必要はないので、単純に100倍または100分の1にすれば入れ替えが可能。もし車体に2.25kg /㎠としか書いておらず、コンプレッサーにはkPaの目盛りしかなかったとしても、100倍した225kPaまで空気を入れればOKです。

その他の空気入れには、据え付けられた本体の目盛りを先に規定値へ合わせ、それからバルブを押し当てる。規定値まで入ると「キンコン」という音がして完了……というタイプもあります。大抵は説明が書いてあるし、分からなければ店員さんに質問すれば教えてくれます。別段難しいことではないので、自分で空気を入れられるようになりたい人は、チャレンジしてみるといいでしょう。

す。セルフスタンドの場合は、自由に使える空気入れが置いてあるので、それを使用しましょう。使い方はこのページの上のところで解説しています。上記とは違うタイプもたまにありますけど、そのときは説明書きを読むなり、店員さんに聞くなりしてください。

自分でやるのはなんだか怖い、自信がないという人もいるかもしれません。そういうときに一番いいのは、バイクを買ったお店で季節ごとに入れてもらうことです。買ったお店だったら空気圧調整なんてタダということが多いだろうし、掛かってもせいぜい数百円でしょう。お店が近所になかったり、ツーリング先で違和感を覚えた場合は、フルサービスのスタンドで入れてもらえばいいと思います。

検索

バイクのタイヤの空気の入れ方：簡単な空気圧チェック方法

乗車編

ニーグリップとステップワークを知る!

ここからは、実際に運転する際のコツを学んでいこう。ニーグリップは教習所でも学んだかもしれないけど、それとはちょっと違うやり方が、実は大事なんです——。

力で押すのではなく体重を掛けるのだ

さてさて、ようやく乗車ですね(笑)。以前の本では教習所の科目を攻略するためのコツを紹介しましたが、この本では、実際の公道を安全に走るためのテクニックを解説しようと思います。

まずはカーブを曲がるために必要となるニーグリップから。これ、教習所では「タンクを両膝でギュッと挟み込む」と教わったんじゃないでしょうか。そうするとバイクにしがみつく感じになるから、急制動では役に立つかもしれないけど、バイクをコントロールするには逆効果なんです。

コントロールのためのニーグリップというのは、膝を使ってタンクを押すことで、バイク自体を操るものなんです。

さて、具体的な説明を始める前に、ちょっと用語を確認しておきましょう。まずカーブとコーナー。これは両方とも同じ意味です。そしてカーブの内側を〝イン〟、外側を〝アウト〟と呼びます。左へ曲がっている場合、自分の左側がインで、右側がアウトになります。

それでは、実際の動きはどうなるのか?

カーブでバイクを曲げていく場合、基本的にはイン側へ重さを加える必要があります。そのためシートのイン側に体重をかけて、上半身が内側に倒れるようにしてやります。体が傾いているから、自然とイン側のステップに体重が掛かって、ギュッと踏み込むことになりますよね(これがステップワークです)。同時に、アウト側の膝でタンクを押す。こうすることで、自分の体がバイクの上で移動する、つまり体重移動が起こり、曲がるために必要な重さを加えることができるんです。

文章だと伝えるのがなかなか難しいですが、極端な例えをすると、ステップやタンクを筋肉の力で押すんじゃなく、イン側の路面に落っこちそうになる体を、イン側のステップとアウト側の膝で食い止めている……というイメージが近いかも。バイクにぶら下がった結果、体はバイクの内側に来ているし、ステップやタンクに体重が掛かっている感じです。

そうやって体重移動をしてやると、ハンドルが自然と切れていき、曲がることができるんです。きちんとできていれば、ハンドルを使わなくてもバイクは倒れ込んで曲がるし、起き上がって直進にも戻ってくれます。

こういうのって、実際に自分で試してみても、できているのかどうかよく分からないのが悩ましいところなんですよね。だからしっかり学んでみたいという人は、僕のライディングの師匠であるインストラクター・内藤栄俊さんが主宰する、SRTT(ストリート・ライディングテクニカル・トレーニング)の講習会に参加してみることをお勧めします。

公道で安全に運転し、事故から身を守るためのライディングテクニック教えてもらえます。僕の知識も内藤さんから教わったものですので、直接指導を受ければ、もっと分かりやすく学べると思います。

固くならず自然体で!

右ページの説明を読むと「案外体を動かす必要がありそうだな」と感じますよね。でも力んでしまうと筋肉が固まり、体は自由に動きません。特に上半身が力むと腕も固まり、ハンドルの自然な動きを邪魔してしまいます。

そのため、力を入れるのは必要最低限にして、全身を柔らかく使うことが大事。上半身を傾け、シートのイン側にきちんと荷重してやれば、自然とステップワークやニーグリップの形になっていると思います。

Go to Video

バイクの上手な曲がり方：セルフステアを引き出す「ニーグリップの目的と力加減」

◀後ろから見ると、体が若干ねじれている。同じ姿勢を取ってみると、右膝が自然とタンクに押し当てられるのが分かるだろう。

乗車編

ブレーキとライン取りでカーブの不安を克服!

**カーブを上手に走れた時は、バイクを操り気持ちよさを実感できる。
だけど苦手な人も多いのでは？
スムーズで安全なコーナリングには、2つのポイントがあるんです。**

ブレーキがバイクを曲げていく!?

さてさて。先ほどはニーグリップの仕方を紹介しましたが、カーブをスムーズに曲がるためには他にも必要なことがあります。その一つが、ブレーキの使い方。

教習所だと減速や停止、つまり速度を落とすための使い方しか教わってないんじゃないでしょうか。だけどきちんと使えば、コーナリングの大きな助けになります。

コーナリングで必要なのは、ブレーキを掛けながら曲がっていくこと。俗に〝舐め掛け〟なんて呼ばれたりもします。強いブレーキングはダメですよ。急にバイクが起きて大きく外に膨らんだり、転倒する可能性がありますから、あくまで舐めるように丁寧に掛ける。そして「曲がりきると同時に」ブレーキを離し、アクセルを開けていくという流れです。

どうしてそうなるか、どんな理屈なのかを説明すると何ページも使う事になってしまうので、感覚として伝えやすい例を出します。まず、自転車で緩い下り坂のカーブを走ることを想像して下さい。たぶん左手のブレーキを握りたくなるんじゃないでしょうか。これはなぜかというと、まずひとつは、リアブレーキによって後輪に荷重がかかり安定するから。そしてもうひとつは、後輪に荷重がかかると前輪が切れやすくなって、自然に曲がっていくから。いわゆるセルフステアです。

じゃあカーブではリアブレーキだけ使えば良いのかといえば、それも違う。これ、間違えやすいところなんです。「曲がりやすいから峠道ではこっちだけ使えばいいや」ってリアばかりすり減らす人が結構いるんです。それで、ベイパーロックなどを起こしてブレーキが効かなくなったりする。危険です。

実際の挙動としては間違いではないんですけど、リアだけだとフロントの加重が抜けた状態になってしまう。フロントの荷重が抜けた状態って、バイクが寝た状態なんです。寝かし込んだほうが格好いいと思っている人も多いんですが、本当は寝かさないほうが良い。寝かせてしまうとタイヤを端まで使う事になってしまう。端というのは限界値だから、その先の安全マージンがなくなってしまうわけです。だからできる限り、バイクを寝かさない状態で曲がったほうが良い。そうすればタイヤの中央寄りが使えて、限界までのマージンも取れる。

そこで必要になってくるのが、フロントブレーキです。

さっきの自転車の例に戻りますが、今度は急な下り坂のカーブを想像して下さい。リアブレーキだけじゃ心もとないから、フロントも握りますよね。そうすると、リアだけのときよりも自転車が起き上がってくるのが、なんとなくイメージできるんじゃないでしょうか。フロントブレーキを掛けると、バイクは起きてくるんですね。リアブレーキによってハンドルが切れていって、同時にフロントも使うことで前後に荷重が分散してバイクが寝ないというのが、旋回では一番理想的。フロントとリアをうまく使ってバランスを取れるようになることが、スムーズにカーブを曲るコツなんです。

◀リアブレーキのみの方が車体が倒れ込み、前輪の舵角も小さくなっているのが分かる。前後をバランスよく使い、同じラインをなるべく起きた状態で通過できるようになるのがポイントだ。

自分のバイクがどういうふうに動いているかが分かってくると、旋回中の意識というのがだんだん着いてくる。すると不意の動きがあったときにも、なぜそれが起きて、どう動いたのかが分かってくるようになってきます。

ちなみに身近で難しいコーナリングに、Uターンがあります。これはやらないでくださいって言いたくなります。Uターンって基本的には右側へ曲がるじゃないですか。だから右足を地面に着きたくなる。そうするとリアブレーキが使えないから、曲がりづらいし速度調節も難しくてコケちゃうんですよ。そういう意味では、一度降りて手で押すなど、Uターンせずに済む方法を考えるのも方策です。

Go to Video

検索

「カーブ中(下り坂含む)のブレーキとアクセルの正しいかけ方とタイミング」ホワイトベース教習所:02

走行ラインが安全とスムーズさを生む

コーナリングで重要な最後の要素は、どこをどう走るかという"ライン取り"です。教習所では「とにかくキープレフトで」と習ったから、ひたすら左端を走るんじゃないのかと思うかもしれません。そういう意味で、まずは公道のどこを走るかという意味でのライン取りを考えてみましょう。

左側に寄りすぎるのは、正直安全とは言えません。道路の左側には歩道があり、歩行者に近い分だけ危険だと思うんです。自転車や人が飛び出してくる可能性もありますし。それを避けるためには、左右両方にエスケープゾーンを確保できるキープセンターの方が、はるかに安全というのが実際のところでしょう。

もちろん法律があるのでそれに従うべきなのですが、そもそもどこまで寄るのかという具体的な規定がなかったりと、曖昧な部分も多いルールです。だから自分の中で安全性を確保しつつ、その範囲内で遵守に務めるのが正解だと思います。安全かつ円滑な交通のための法律なのに、法律のために危険を冒していたのでは本末転倒ですからね。これが僕の思う、公道でのライン取りです。

その上で、次はカーブを安全に走るためのライン取りについて。

これにはまず"スローイン・ファーストアウト"の誤解があると思っています。

教習所で教わるコーナリングは、カーブに入る前の直線で減速してブレーキを離す(スローイン)。そしてわずかにアクセルを開けながらカーブへ進入。曲がる途中でアクセルを開け、速度を回復しながらカーブを抜けていく(ファーストアウト)という感じでしょう。

これだと、ブレーキを離した状態でコーナーに入ることになっちゃういますよね。先ほどの話のように、ブレーキが掛かっていないとフロントの舵角が着いてこない。要はハンドルが曲がってこないので、セルフステアが効きづらい。平坦な道で速度が低ければなんとかなりますが、下り坂などでは車体が安定しなくなってしまいます。

クリッピングポイントはどっちが正解!?

①はレースなどでよく見るクリッピングポイント。カーブの頂点付近だからバイクはまだ寝ている状態で、ここから起こしていく形になる。公道を安全に走る場合のクリッピングポイントは②が正解。ここならバイクは完全に起きた状態だ。この差が下図のラインにも影響してくる。

走行ラインはこんなに変わる

タイムを競うレースではどれだけアクセルを開けられるかが重要なので、直線的なアウト・イン・アウトのラインが多くなる。しかし道幅を目いっぱい使うことになるので大きく膨らんでしまい、安全マージンが少ない。赤の適切なラインであれば対向車との距離もあるし、コーナーを抜けた先の状況も早めに確認できて、歩行者なども回避できそうだ。教習所のラインはひたすら小回りになるので、スムーズに走るのが難しそうである。

中には反射的にクラッチを切ってしまう人もいますが、これは駆動力がなくなって余計不安定になるので非常に危険です。直線で必要な速度まで減速しきれなかったけど、ブレーキを離して加速状態に入ってしまっているから、ついクラッチを切って対処してしまいます。そういうときでも、リアのブレーキを少し踏んでおけば後輪に荷重が掛かって安定しますから、その点でもブレーキを掛けながら曲がっていくのが重要になります。

それと、ファーストアウトを意識してアクセルを開けながら曲がってしまうと、外側に膨らんでいってしまう。速度が上がるとバイクが起き上がってくるから、曲がりにくくなるんです。しかも公道は曲率が一定ではなく、曲がったあとにもう一段カーブが深くなっていたりもします。膨らんでしまうとそういうときにも対処が難しいんです。

だから安全かつスムーズに走ろうと思ったら、コーナー手前の直線である程度まで減速し、ブレーキを軽く引きずりながら速度を調整しつつコーナーの出口まで進む。そして速度を上げても外に膨らまない、真っ直ぐ走れるという位置まで来たら、アクセルを開けるのが理想的です。

ここでクリッピングポイントの問題が出てきます。

クリッピングポイントとは〝コーナー中で一番速度が落ちて内側に寄る地点〟のことですが、レースやゲームの影響もあってか、カーブの中央付近で内側に寄ると思っている人が多いんです。でもこのパターンは、道幅を端から端までフルに使い、できるだけ直線を描くライン取りが前提なんです。だからアクセルを開けながらここを通過すると、上の図のように反対車線へと突っ込んでいってしまいます。レースでは速いかもしれませんが、公道では対向車がいるのでまったく違う。対向車が膨らんだら、その瞬間に事故が発生してしまいます。

公道を安全に走る上でのクリッピングポイントはもっと奥。出口に近い場所で内側に寄るようにしなければいけません。同時に、この地点で最も速度が落ち、バイクが起き上が

アクセルはここまで来てから!

適切なラインを走る上で、ブレーキとアクセルのタイミングは重要。①〜②ではフロントとリアのブレーキをバランスよく使うって車体が曲がりやすい状態を作り、減速しながらカーブを曲がっていく。③のクリッピングポイントまで来ると、カーブが終わってバイクが起きているから、反対車線へ膨らむ心配なくアクセルを開けられる。だからこそこの地点が、最も車速が落ちて、同時にバイクが起きているという条件を満たした“クリッピングポイント”になるのだ。

った状態になっていることも大事な要件。これらを満たそうとすると、自然と図のようなライン取りになります。これなら対向車とぶつかる可能性は低いでしょう？

サーキットと公道の違いは、対向車や歩行者がいることです。対向車がセンターラインをはみ出してくるかもしれないし、ブラインドコーナーの先に歩行者や自転車がいることもある。アスファルトに砂や落ち葉が溜まって、滑りやすくなっていることもあります。だからなるべく反対車線には近づきたくないし、歩道側にも寄り過ぎたくない。先ほどの図では分かりやすく内側まで寄っていますが、実際の公道では、車線の両端2割くらいは、万が一のための安全マージンとして開けておくのが良いでしょう。

教習所では、カーブだろうがなんだろうがとにかく左端を走れと言われたかもしれませんが、実際にはこんなふうに、同じ車線の中でも右寄りを走ったり左寄りに走ったりしたほうが良い状況があるわけです。

そしてその安全なラインを見極めるためには、一番スピードが落ちる場所がどのあたりなのかというのを、きちんと見定めて行かないといけません。それを意識するだけでも、カーブの安全性とスムーズさは、だいぶ変わってくるはずです。

▲歩道との距離が近くなりすぎると、飛び出しなどに対処する時間が取れない。キープレフトにも節度が必要だ。

Go to Video

検索

カーブで外側にはらむ方へ「正しいライン取り」車線のどこを走り、加速するべきか？ホワイトベース教習所:03

ブレーキとライン取りでカーブの不安を克服!

乗車編

安全で疲れない正しいフォーム

**バイクに乗っていると、腕や肩が疲れてしまう……。
もしかしたらそれは、姿勢に問題があるのかも。
正しいライディングフォームは、疲労も軽減できて安全にも繋がります。**

腕だけで支えず全身を使おう

まっすぐな道を走っているときの姿勢って、あまり気にしたことがないかもしれません。でも考えてみると、運転の大半はこの姿勢を取っている。つまり基本となるフォームなんです。だからこの姿勢がきちんとできると、運転がしやすくなるし、疲れづらくもなってきます。

運転で疲れを感じやすいのは、肩や腕でしょう。バイクはやや前傾姿勢のポジションが多いですが、この傾きによる上半身の重さを腕で支えてしまうと、疲れの原因になります。また、加速のときは体が後ろに引っ張られ、減速のときは前に押されますけど、それも腕の力で耐えてしまっているんだと思います。

それを避けるために必要なのは、全身を使って分散することです。上半身の重さは、腹筋や背筋で支えることで下半身の方向へ流し、お尻を通じてシートへ、足を通じてステップへと逃がす。そうすると、1カ所だけで支えるよりも負担が減り、疲労軽減につながります。

前後の動きも、腕ではなく下半身で支えてやりましょう。以前の項目で「教習所で教わるニーグリップは、急制動では役に立つかもしれないけど～」と書きましたが、こうした加減速による前後の動きには、教習所のニーグリップが役立つわけです。

そうやって腕に力が掛かることを防ぐと、ハンドルの動きを妨げることがなくなり、操作自体もしやすくなります。下りカーブが苦手な人は大体の場合、手で体重を支えているせいでハンドルを押してしまっているのが原因です。一本道で操作することがない状況になったら、手にも少し体重を預け、腹筋や背筋を休ませてあげてもいいでしょう。

正しいフォームを取ってもまだつらい場合は、装備にも気を配りたいですね。大事なのは身軽になること。荷物は背負ったりせず、バイクにくくりつける。ヘルメットは軽量な物を選ぶ。服装も、安全面や防寒をクリアした上で、できるだけ動きやすい物を選ぶ。特にかさばりやすい冬服の場合、フード付きは避けたほうがいいです。干渉してヘルメットがズレると、視界を確保するために首を持ち上げねばならず、体が反ってくる。すると腕が伸び、フォームが崩れてきます。それにフードが風をはらむと、体が後ろへ引っ張られるのにも耐えなきゃいけません。

それでもダメなら、ハンドルを高くするなど、バイクを調整することも考えましょう。そもそも前傾のキツいレーシーなポジションだと、疲れないというのは無理ですしね。楽ちんで知られるアメリカンも、最近はレブルのようなハンドルの遠いモデルが増えていて、意外に肩が凝ったりします。

疲れると動きが鈍くなるし、判断力も低下します。正しい姿勢でできるだけ疲労を防ぎ、快適で安全なライディングをしてください。

「正しいライディングフォームとニーグリップの力加減」教習生や卒業生にも大切な話

分散することで負担を減らす!

まずはリラックスが大事。緊張して肩や背中に余計な力が入ると疲れてしまいます。そして負荷を分散し、1カ所に集中しないよう意識する。特にバイクと接する部分がポイントです。ハンドルを握る腕、タンクを挟む膝、シート上のお尻、ステップを踏む足。全てをバランスよく使い、各部の負荷が最小限になる状態が理想です。フード付きのウェアはお勧めしませんが、写真くらいの物なら影響はないでしょう。

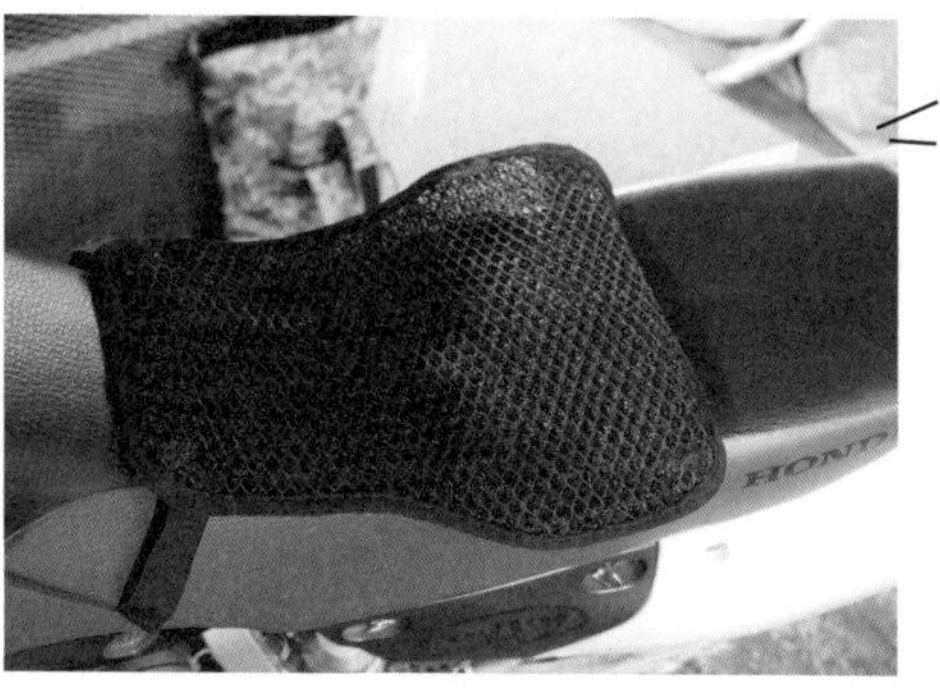

お尻の痛みにはゲルが効く!

シートが固くてお尻が痛い場合は、クッションを使うのがオススメ。多いのはゲルが入った商品で、グニュッとした弾力が衝撃と体重を分散し、痛くなるのを防いでくれます。取り外しも簡単なので、ツーリングのときだけ装着してもOK。写真のようなメッシュ生地の物もあり、これは夏場にいいですね。お尻の下に隙間ができて風が通るので、暑さも和らげてくれます。

ハンドルを交換するとこれだけ変わる!

そもそものポジションがきつい場合は、ハンドル交換で高さやグリップ位置を改善するしかありません。左右のグリップがつながっているバーハンドルは、交換が比較的簡単。右の写真のようにロー・ミドル・アップなどの種類があるので、自分の体格に合わせて選びましょう。そこまで大きく変わっているようには見えないかもしれませんが、実際に乗ると、かなり違うのが実感できます。左右が分離しているセパハンでも交換は可能です。ただ、ちょっと難易度は上がります。高さを上げすぎると、長さが足りずケーブル類の交換が必要になることもあるので、自信がない場合はお店の人に相談するのがいいでしょう。ちなみに足元についても、ステップ位置を変更するパーツが存在します。困っている人はそちらも検討してみるのもいいでしょう。

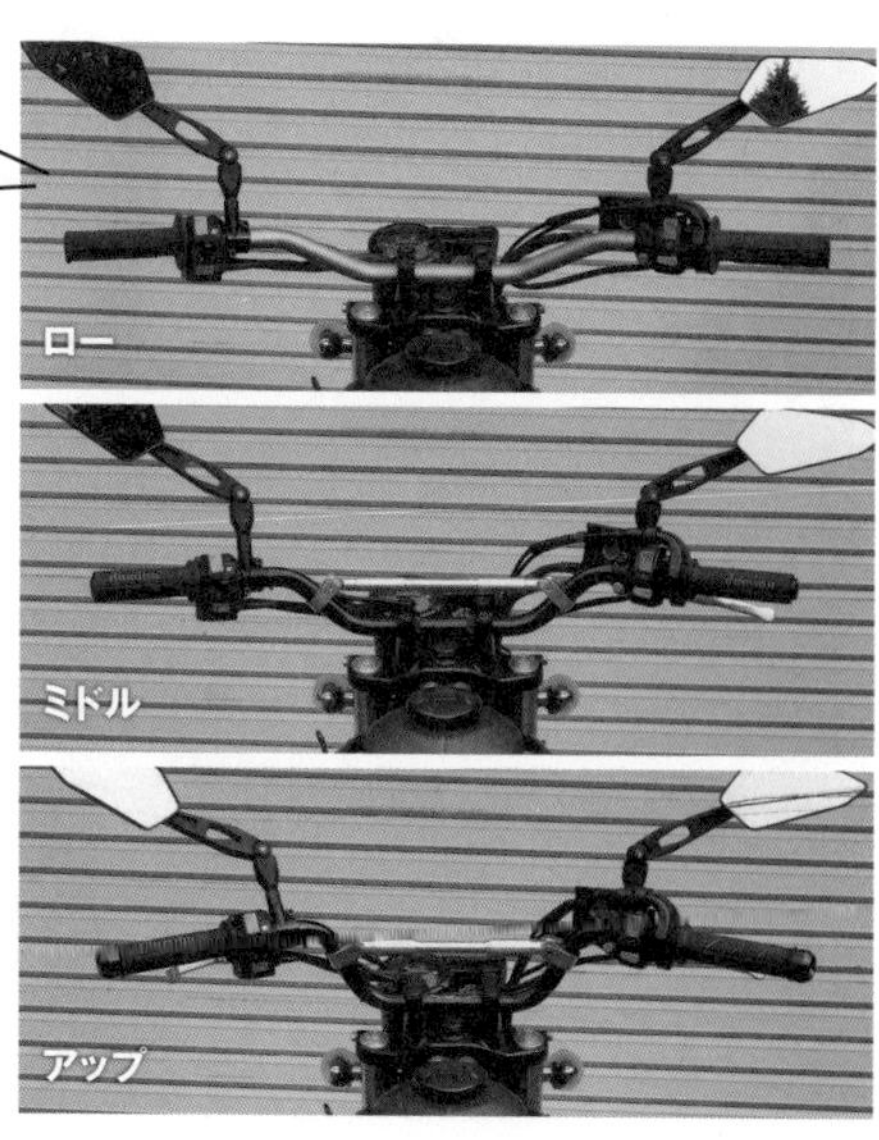

乗車編

知っておきたいアレやコレ

まだまだある運転のポイントをまとめてご紹介。
車間距離、ブレーキ配分、二人乗り……
大事な点を知ってライディングに役立てよう！

車間距離は友だちでも十分に

友だちと一緒に走るときに、すごく近い距離になってしまっている人をよく見ます。仲がいいのは素晴らしいと思いますが、これは良くありません。

運転をしているときって、距離を詰めれば詰めるほど、前の人のペースに乗せられやすいんです。前の人が加速したら自分も加速、ブレーキを掛けたらブレーキを掛けてしまう。こうやってリンクしていくと、非常に事故が起きやすい状態になります。「自分のペースが崩れたときに事故は起きる」というのが僕の持論ですが、これはまさに、ペースが崩れていますよね。前の人に合わせてしまっているんだから。

そうすると、自分では曲がりきれない速度でカーブに入ってしまったり、心構えができていない状態で急ブレーキを踏んだりすることになってしまう。周囲のペースに合わせていった結果、事故を起こして死んでしまった……というのはよく聞く話ですけど、原因はこういうところにあると思っています。

それを防ぐためにはどうすればいいかというと、車間距離を開ける。やっぱりこれです。渋滞発生のメカニズムでも、車間距離が短いと渋滞が起こり、長ければ起きにくいと言われています。自分のペースで安全かつ快適に走るためには、十分な距離が必要なんです。

教習所などで教わる車間距離の目安は、時速60km以下であれば〝速度から15を引いた数〟（50kmなら35メートル）、〝60km以上なら同じ数〟（60kmなら60メートル）です。もちろんそれ以上開けてもOK。正直、僕は40kmなら40メートル、できれば80メートルぐらい開けたほうがいいと思っています。

実際それぐらい開けるつもりで、ようやく適正な距離になるかどうかだと思います。左下の写真は時速60kmを想定し、60メートル離れた状態を撮影した物。カメラの焦点距離は人間の目の状態に一番近いと言われる50㎜に設定しているから、実際の見た目だと思って構いません。前の人がこんなに小さく見えるくらい、本来は距離を開けるべきなんです。そしてこれだけ離れていれば、感覚的にも、事故が起きそうな感じはしないでしょう。

こんなに離れていたら寂しい、意思の疎通が取れないと思うときは、インカムを使ってください。楽しいツーリングを事故の思い出にしないためにも、お互いの距離には十分気をつけましょう。

▲時速60kmでの車間距離がこんなに離れていることを、意外に感じる人も多いのでは？　そういう人は意識的に距離を保ちましょう。

停止のための前後ブレーキ配分

ここで話す前後ブレーキというのは、先ほどのカーブでの話とは違って、直線での急制動、つまり急ブレーキについてです。

急制動は教習所でも課目にありました。そのときは「フロントブレーキ7割、リアブレーキ3割の配分で、フロントを強く掛けましょう」って習ったと思うんですが、僕はその逆、「フロント3割、リア7割」をお勧めします。

急ブレーキの際に危険なのは、タイヤがロックして滑ってしまうことです。フロントが滑ってしまうと、リカバリーが利かなくなって即転倒ということがほとんど。ある程度バイク歴がある人なら、フロントがロックする怖さは身に染みているんじゃないでしょうか。

一方でリアが滑ってしまっても、即転倒とはなりづらい。それにリカバリーも簡単で、ブレーキを離せばグリップは戻ります。

というか、直進状態であれば、リアが滑って転ぶことはほとんどないと思いますし、仮に転んでも、フロントよりケガは軽くて済みます。かつて警察が、暴走族を強制的に停車させるため、後輪にロープを巻き付ける装置を使っていたくらいです。大ケガをする可能性が高かったら、さすがに採用されていないと思います。

運転に不慣れなうちは、手のほうが細かな操作ができるし意識もしやすいから、フロントを強く握りがちです。そもそも、そう習っているのだから当然です。けれど今説明したように、フロントが滑って転倒したら、最悪は死。そうならないためにも、「リアブレーキをメインに使って、フロントブレーキは補助」というのを体に染み込ませておくと、いざというときの危険性を下げることができると思います。「ぶつかる!」となったときなんて、パニックでロックするまでブレーキを掛けちゃうに決まってますから。

こうしたブレーキの問題は、今後はABSを標準採用する方向になっているので、技術の力で解消されていくと思います。ABS(アンチロック・ブレーキ・システム)というのは、タイヤのロックを感知したら自動でブレーキを調整し、滑らない状態を保ってくれる機能。同じブレーキでは、CBS(コンビ・ブレーキ・システム)という、どちらかのブレーキに連動して、もう一方のブレーキも作動させる装置もあります。さらにこの両方を組み合わせた、コンバインドABSという物も。

バイクの安全性を高める装置としては、他にトラクションコントロールやIMU(イナーシャル・メジャーメント・ユニット)なんていうのもあります。

トラクションコントロールは、タイヤが滑っていることを検知すると自動で出力を制御し、グリップした状態に戻してくれる機能。自動車では、横滑りを防止してくれることでおなじみですよね。

IMUは、今バイクがどちらの方向を向いていて、どちらの方向に加速し、どれくらい傾いているか……といったことを検知してくれる物。要するに、今どんな状態なのかを把握する装置です。検知する要素が多いほど総合的な精度は高くなり、現在は6軸や7軸のモデルが登場しています。

ABSやトラクションコントロールを働かせるにしても、バイクが直立した状態なのか、傾いた状態なのかで、介入に必要な度合いは変わってきますよね。IMUが着いていれば、詳細なデータを元に、より適切な制御をしてくれるんです。

IMUは比較的新しい技術なので、まだ一部の高級車にしか搭載されていませんが、ABSと同様、やがては全てのバイクに標準装備される時代が来ると僕は思っています。

最先端の技術ってやっぱり面白いし、こうした技術の力で全てのライダーの安全性が高まるのは、うれしいことです。

Go to Video

検索

二輪教習卒検・急制動のコツを説明します

安全な二人乗りの方法とは？

僕自身は二人乗りをあまりしないんです。男同士で密着するのは、正直ちょっと遠慮したい（笑）。でも必要という人も少なくないでしょうから、どうするのが安全かを紹介しておきたいと思います。

まず乗るとき。ライダー（運転手）が先にまたがり、サイドスタンドを払って両足をついてください。そして運転手の準備が整ったのを確認したら、パッセンジャー（後部座席に乗る人）が乗車する。このとき、なるべく横方向の力を掛けないように注意。勢いよく飛び乗ったりして傾くと、支えきれずに立ちゴケしてしまいます。

ライダーの足つきに不安があるようなら、スタンドを立てて左足を着きましょう。そしてパッセンジャーは、同じようになるべく横方向に力を掛けずに跨がる。どうしても力が掛かってしまう場合は、左側へ掛かるようにしてください。そっちにはスタンドがあるので、倒れる危険性は少ないですから。

乗車した後は、パッセンジャーがどこを掴むかが問題になります。バイクにはタンデムベルトやタンデムグリップといった装備がありますけど、前後の力に耐えるに十分とは言いがたく、案外頼りになりません。何事もなく走っているときはいいんですけど、急ブレーキを掛けたら体ごとライダーにぶつかるし、急加速すると後ろにのけぞって落ちてしまいます。

一番いいのはライダーの腰を掴むことです。体の重心がある位置なので、負荷が掛かっても比較的安定する場所なんです。恋人同士なら、体重を預けない程度に、腰に抱きついてしまってもいいでしょう。

次点としては、片手で腰を掴んで、もう片方で肩を掴む形かな。これだとお互いの体に多少の空間ができるので、夏場の密着したくないときに助かります。ブレーキで前につんのめる際は、腰の方の手で踏ん張りましょう。

一番まずいのは、両肩を掴むこと。ここを掴むと、ちょっとしたことでもライダーの体が前後左右に大きく振られるので、大変危険です。

そして走行時に大切なのは、意思の疎通をすること。走り出す前に合図をしたり、ブレーキの前に軽くポンピングブレーキ（キュッ、キュッと断続的にブレーキを掛けること）をして、これから発進するよ、止めるよと相手に伝える。ライダーが次に何をするかが分かればパッセンジャーは準備ができるので、それに備えた姿勢を取ってくれます。

だから、準備のできない「急」のつく動作は厳禁。急発進、急ブレーキ、急な車線変更などですね。物理的にも、普段より重量が増えて制動距離が長くなります。余裕をもった運転を心がけましょう。

ちなみにカーブのときなどは、パッセンジャーは必要以上に体を動かす必要はありません。むしろ荷物に徹してた方が運転しやすいです。気を利かせて自分も体重移動……なんてことをすると、ライダーにとって想定外の動きが発生し、事故の元になってしまいます。あくまで自然に座っていればOKです。

バイクの二人乗りの仕方

◀ラブラブで片時も離れたくない……という恋人同士は、ついついこんなふうになっちゃうかも。だけど体重を預けてしまうのは、ライダーの自由な動きを妨げてしまい、運転に支障が出るので我慢しましょう。

センタースタンドを簡単に掛けるコツ

これが難題なんです。重いバイクになってくると、これだっていう解決方法がないんです。スクーターなんかは後ろの方にグッと引けばなんとかなるんですけど、だからって他のバイクもそれで行けるかというと、そんなこともない。

多少なりとも成功率が上がるとしたら、後ろへ横方向に引くのではなく、斜め上へ引くことを意識するのがいいかもしれません。だけど、これもバイクによって異なるんですよね。それぞれ重心の位置が違うから。

そうやって考えあぐねた末に僕が見いだしたのは、タイヤの下に週刊誌を挟む方法です。

週刊誌を地面に置いた後、バイクを押してその上に後輪を乗せる。すると高さが生まれるので、スタンドの当たる角度が緩くなり、より少ない力でも掛けられるようになるんです。僕はV-MAXだけはどうしても無理だったんですけど、この方法だと大丈夫でした。別に木の板とかでもいいです。それなら駐車場に置きっぱなしにしても、雨でボロボロになったりしません。悩んでいる方は試してみてください。格段に楽になると思います。

ちなみにセンタースタンドとは関係ありませんが、出先でバイクを止める際のアドバイスをひとつ。

重たいバイクに乗っている人は、停車する場所に傾斜がついていないか注意してください。下り傾斜に頭から突っ込んだ場合、前方にスペースがあればそのまま進んで方向転換できますが、車止めや壁があると、手で後ろに引くしかありません。そしてそれは地獄のように大変。どうにもならなくなってJAFを呼んだ人を知っているくらいです。

危ないかなと思ったら、リアを下り側に向ける形で駐車しましょう。

雑誌一冊で簡単にセンタースタンドをかける技：バイク

自動車用のスペースにバイクを停めてもいい!?

お店などで、自動車用のスペースにバイクを停めていいのか分からない、なんとなく気が引けるという人は多いかもしれません。「そこは車用だぞ!」って文句を言われたという話も聞きます。

なので、コンビニ4社に質問してみたんですよ。細かい違いはありますが、おおむね「最終的にはオーナーの判断になるが、問題はないと思う」という回答でした。

そのうちの1社からは、「二輪用の駐車場がない場合、四輪用のスペース以外の場所、例えば歩道などに駐車するよう案内するのは、実態的に非常識ですので、停めていただいて構いません」という回答を頂いたんですが、これが非常に核心を突いた答えだと思いますね。常識的に考えれば、その通りですよ、やっぱり。

これはコンビニ以外のお店でも同様でしょうから、二輪用のスペースがないのであれば、四輪用のマスにバイクを停めても問題ないと僕は思います。もちろん、最終的にはそのお店のオーナーの判断ではあるんですけど。

もしそこで、「バイクのくせに邪魔だ!」って、無理に幅寄せして駐車する車がいたら、そちらの方がどう考えたって非常識です。自分が停めたいから他人にどけというのは、間違った考えですよ。そんなふうに危険な駐車をしてきたり、店員でもないのに文句を言ったり怒鳴ったりする人がいたら、そんな人はすぐに通報しちゃいましょう。

でもスペースを取るのは事実なので、こちらも配慮はしたいですね。例えば、二輪用の駐車場があるのに、面倒だからと車用に停めない。友達と複数台で行動しているんだったら、車1台分のスペースにバイクを2台停めるとか。

どんなお店にもバイク用の駐車スペースがあれば理想的ですけど、なかなかそういうわけにもいかないのが難しいところです。

だから車とバイクが、お互いに気遣いや思いやりを持つことで、トラブルが無くなるといいですね。

ウェアの選び方と暑さ・寒さ対策

ウェア選びは快適なライディングを楽しむための大事なポイント。どうやって選べばいいかや、寒暖への対策の仕方を知っておこう。

普段と乗車時の違いを意識！

バイクはファッションも込みで楽しむ物だと思うので、安全性を検討した上で、その人なりのスタイルを楽しんでもらえればと思います。とはいえ、理想をいえば、バイク用の物を選んで欲しいというのはある。やっぱり材質や強度だとか、要所に配されたリフレクターだとか、ライディングに適した工夫が施されています。

そうした物の中から実際に選ぶとき、まず重要になってくるのは、試着です。例えば僕の場合、A社のXLはキツいんですよ。でもB社のXLはダブダブ。同じサイズでもメーカーによってけっこう差があるので、着てみないと分からない。重さとかもそうです。実際に着てみるとプロテクターがズッシリしているから、長時間は厳しいなって思う人もいる場合もあります。

もうひとつ試着で確認して欲しいのは、プロテクターの位置が体に合っているかどうか。このとき、乗車姿勢を取って欲しいんです。跨がった状態だとシートで股の部分がずり上がるし、膝が曲がる分も上がりますよね。ということは立った状態なら、膝パッドが本来の位置より若干下に来てなくちゃいけない。そういうところも意識しながら選んでください。上着であれば、肩・肘パッドの位置や、背中周りの突っ張り具合を確認するとかです。

近くにお店がなくて通販する場合は、単純なサイズだけでなく、詳細な寸法も気にするといいでしょう。

それと通気性は極端に振るのがオススメ。春秋もののような中途半端なやつは持て余すというか、使いどころがなかったりするんです。せっかく買ったけど、2~3回しか着なかったな……っていうのがパターン。涼しさを求めるならフルメッシュ、暖かさを求めるなら、完全に風を通さないモコモコのやつを買うのがいいです。

しかしこれは何十年も前からですが、バイク用のウェアって、どうしてデカデカとブランド名をプリントしちゃうんでしょうかね。普通に街中で着られるやつを出してくれませんか、メーカーさん。

防寒の天敵走行風を防ぐ

防寒の基本は、体の近くにどれだけ暖かい空気をためておけるか。これが重要です。冬場にモコモコした服が暖かいのは、分厚い繊維に含まれた空気が体温で暖められるから。そしてそれを冷まさないよう、外気とのクッションになる層を作ってやると、暖かさが持続する。

いろんなウェアを試してきましたが、ライディングジャケットの耐低温性って、そこまで強くはないんですよね。冬用でもだいたい5℃まで。一部の特殊な物でないと、0℃以下はサポートしません。

だからライジャケだけでなんとかしようとするよりも、カイロなどを使ってフォローしてやるのが正解。今は電熱ウェアがたくさん出ていますけど、僕の感想としては、ツーリングのような長距離には向きませんでした。バッテリー残量を気にしながら走るのは煩わしいし、そもそもあんまり暖かくない。なので、結局カイ口に戻ってしまいました。こっちのほうが熱量も多く、無くなってもコンビニで補充できる。使ってみるとね、本当に「カイロすげぇ！」って思いますよ。もちろん短時間なら充電に困らないから、通勤などには電熱もアリです。

というわけで、暖かい空気層を作るのはインナーやカイロに頑張ってもらって、フイジャケには「とにかく風を通さない」「クッションになる空気層を作る」ことを求めましょう。

冬用ジャケットであれば、どの製品も生地はしっかり防風になっていると思います。なのでその他の風が入りやすい箇所をチェック。

まず、ファスナーの部分が二重構造になっていて、歯の隙間から風が入らない造りになっているかどうか。上着であれば、首周りから入ってこないか？　前傾姿勢になったときに、腰部分の丈が足りているか？　袖が絞れていて風が入らないか？　手を伸ばしたときに丈が足りず、グローブと袖の間に隙間ができてしまわないか？　パンツであれば、シューズの履き口が裾から出てしまわないか、などに注目しましょう。

その辺がクリアできていれば、あとはクッションになる空気が溜められるかどうか。革ジャンなんかは暖かそうなイメージがありますけど、裏地にキルトや羽毛をたっぷり含んだ物でないと、役に立たないのでご注意あれ。革だけのライダースはメチャクチャ寒いです。

寒さは疲労や判断力の低下につながりますから、しっかり防いでください。

走行風を防ぐ
暖かい空気層
クッションになる空気層

▶どれだけ空気層が厚くても、走行風が入ってきたら冷えてしまう。バイク用のしっかりした生地で、もこっとしたウェアを選ぼう。

暑さ対策はメッシュとちょっとした工夫で

暑さについてはできることが少なく、メッシュジャケットを着るしかない。後はインナーを吸水速乾や涼感素材の物にするくらい。ジャケットの色は白などの明るいものを選びましょう。黒いと日差しを吸収して暑くなりますから。逆に防寒には濃い色がいいです。

注意して欲しいのは、フルメッシュの物を着ること。袖などの一部だけがメッシュになっている製品は、真夏には役に立ちません。

そうやって装備を調えても、基本的には走ってないと涼しくないんです。だからこれも服だけでなんとかしようとするのではなく、出発を早朝にして、涼しい空気の中を渋滞に捕まらず走れるようにするとか、そういう方向で解消していくのが現実的だと思います。

ちなみに、僕は泊まりのツーリングならメッシュを2着持っていきます。そうすると汗で不快になったら着替えられるので、気分がいいですよ。

カッパは大きめの物を定期的に買い換えよう

これは普段からバイクに積んでおいて損はないんですけど、特にツーリングのときは必ず持って行きたい。雨はもちろんなんですが、ちょっと寒いときにウィンドブレーカーとしても使えます。

ピンからキリまでさまざまな値段の製品がありますが、防水性については、ホームセンターで売っているようなゴム引きのものが最強です。オススメなのは、4〜5千円くらいのもの。レインウェアは荷物の奥でもみくちゃにされるし、着ているときは風雨にさらされる物だから、性能が落ちることを前提にある程度のスパンで買い換えるのがいいと思うんです。高いものだとそうもいきませんが、このくらいの値段なら、まぁいいかなと思えるでしょう？

注意点はサイズ。冬のモコモコした服装の上からでも着られないとダメです。自分の服装で一番かさばる状態を想定し、大きめの物を選んでください。

バイクにも必須！ ドライブレコーダー

自動車では定番となりつつあるドライブレコーダーだが、バイクに装着している人はまだ少ない印象がある。やっぱり着けたほうが良いのだろうか？　どんな物を選べばいいの？

身を守るためには信頼性の高さが重要

バイクのドライブレコーダーって、なかなか車のようには普及しませんね。取り付けるスペースの問題など、理由はいろいろあるんでしょうけど。

でも絶対に装備して欲しい。バイクって悪者にされやすいんです。暴走族が暴れていた時代の印象が強いのか、「スピードを出したり、乱暴な運転をしていたんじゃないか？」っていうイメージが今もまかり通っていて、実際の事故でも過失割合が高くなってしまったりする。逆走してきた車と衝突したのに、バイクのほうに過失が付けられてしまった人もいるくらいです。

相手が責任逃れのために「バイクが悪いんだ」と主張して、それが認められてしまう可能性が決して低くない。ひどい話ですけど、だからこそ身の潔白を証明するためにも、ドラレコは必要だと思います。

では選ぶ上で、どんな点をクリアした製品がいいのか？　僕としては、次の点を重視したいです。

●録画状態が確認できる

機械の性質上、ちゃんと動いていることが分からないのは不安ですよね。モニターが付いていればベストですが、作動を示すLEDだけでもいいでしょう。それを乗車した状態で確認できること。シート下の本体でインジケーターが光っていても、運転していたら見えませんから。

●防水防塵・耐衝撃性能

バイク用の物を買えば、この性能は当然あると思うかもしれません。でも過去にあったんですよ、防水じゃないのが。自動車と違ってむき出しで装備するものなので、雨にも風にもほこりにもさらされますから、これは必須性能です。

●HDR機能

これは暗いところと明るいところの差を補正し、全体を鮮明に記録する機能。これがない場合、例えば日なたの部分だけがきれいに映り、日陰は黒く潰れて何も分からない……という映像になる可能性があります。

●長期間の安定作動

事故は突発的なものであって、ドラレコをメンテナンスした直後に起きるわけじゃありませんよね。だから1年間放置しても、ちゃんと撮れていなきゃいけない。ドラレコにおいて、耐久性は非常に重要です。

●イベント録画機能

今の瞬間を保存しようと思ったとき、ボタンを押すと10秒くらい前からの映像を保存し、上書きされないように保護してくれる機能です。大事な証拠が消えたら困りますから。

●大容量SDカード対応（64GB以上）

バイクだと走りながらの操作は不可能ですから、1日分の動画を全部保存できるとベストです。

●電源は12V

電源については、12Vのものと、USBの5Vの物があります。12Vのほうが安定しているので、できればそちらを選んでください。USB電源は、仕様によってはドラレコに必要なだけの電気を送り出せないことがあるんですね。そうすると動作が不安定になってしまいます。

……こうして書き出すと、当たり前の要素に見えます。でも全てを満たす製品ばかりじゃないのでご注意

◀これはデジカメで撮影したものだが、左がHDRオフで、右がオンにした写真。オフの場合、カメラの露出の関係で、明暗差が大きいと潰れる部分が出てきてしまう。その結果、こんなふうにライトで照らされたナンバーが読み取れ無くなってしまうこともある。証拠としてはいささか心もとない……。

ください。中には、フレームレートの関係で、信号機をはじめとしたLEDの表示が全然映らないという物もあります。

カメラは前後両方に取り付けるのが理想ですが、設置場所などの問題で片方だけしか無理だという場合は、前が付いていればとりあえず大丈夫です。追突されたときの証拠などは残せませんが、自分の過失が問われやすい前方方向だけでも、最低限カバーしておきましょう。

それからGPS機能は、僕はあってもなくても構わないと思っています。位置情報は事故の時にそれほど意味がある物ではないし、GPSから算出される速度情報も、それほど当てになるものじゃありませんから。でもGPS信号の時刻情報を拾ってくれるので、時計を合わせる必要がないのはメリットかもしれませんね。少ないボタンで入力しなきゃいけないことも多く、これが結構面倒だったりしますので。その辺の手間を避けたい人は、搭載した機種を選ぶのがいいでしょう。

こうした条件を踏まえた上での僕のオススメは、ミツバサンコーワの『EDR-21』シリーズですね。……というか、挙げたポイントで絞り込むと、これしか残らないんですよ。少なくともこの原稿を書いている時点では。

でも実際、いい製品ですね。これの少し前のモデルを使っていますが、性能も画質も十分です。

逆に避けたほうがいいのは、1万円以下の中華製品。設計の甘さが目立ち、耐久性という点で信頼できません。振動でゆがんで防水機能がなくなっちゃうとかね。品質のバラつきも大きく、同じ製品でも当たり外れがあるので、万が一の備えとしては怖すぎます。

それと、アクションカムをドラレコ代わりに使うこと。これをやっている人は多いんですけど、お勧めしません。僕は撮影でさまざまなアクションカムを使ってきましたが、やっぱり事故に耐えられる物じゃない。衝撃で壊れる可能性が高いし、ちゃんと撮れているかどうかの信頼性もドラレコより落ちます。そこはやっぱり、専用品を使って欲しいです。

検索

迷ったらコレ！最強のバイク用ドラレコ！画質・堅牢製・全てヨシ・ミツバサンコーワEDR21

ポイントまとめ

- **録画状態を確認できること。**
- **防塵防水・耐衝撃性能があること。**
- **HDR機能が搭載されていること。**
- **長期間作動する信頼性があること。**

乗車編

スマホホルダーは どんな物がいいの？

**今やライダーの必須アイテムとなっているスマホナビ。
スマートフォンを取り付けるためのホルダーは、
どんなタイプがオススメなのだろうか。**

脱落と振動を防ぐことがポイント！

いきなり話を覆すようで申し訳ないんですが、僕は基本的にナビを使わないので、スマホホルダーもあまり使いません。そのそもの前提として、そういう人間が話していることをご了承下さい（笑）。

とはいえ全く使わないわけではないし、お店のお客さんや動画の視聴者さんから質問されることもあるので、「どんな物がいいんだろう」と考えはするんです。その中から、オススメのタイプを紹介したいと思います。

でもその前に、僕がナビを使わない理由を説明させて下さい。これはバイクの楽しみ方にもつながる部分なんです。

理由を端的に言ってしまうと、ツーリングがつまらなくなるからなんです。目的地へ到達するだけならたしかに便利なんですが、それは効率がいいだけであって、面白い道を走れるわけではないんです。バイクって、走っている時間を楽しむものじゃないですか。

自分で地図を見ると、関係ない場所も自然と目に入るから、余計な情報が入ってくるんです。それがツーリングマップルのようなライダー向けの地図なら、景勝地や面白そうな道がぱっと目に付く。そうやって気になった場所を組み合わせて自分好みのルート組み立てた方が、絶対に楽しいんです。

もちろん、全部が全部そうでなくちゃいけないというわけではありません。ツーリングが終わって家に帰るときや、用事があって確実に目的地へ到着したいとか、そういうときにナビを使うのは全然いいと思います。それにグーグルマップのナビ機能みたいなのもあります。あれは違う意味でツーリングに使ってみるのもアリです。とんでもない山道だとか人の家の裏庭みたいな路地だとか、普通なら通らない変なルートを案内されることがあって、予想外の面白さがあります。

ちょっと脱線しましたが、そうしたことを踏まえた上で、スマホホルダーの話に戻りましょう。正直、バイクを買ったら必然的に装着するよなと、僕も思っています。

自分が使っているのは、スマホをすっぽりと中に入れてしまうフルカバータイプ。オーソドックスなのは、アームでスマホを挟む、もしくは四隅を爪で固定するタイプですが、あれはちょっと怖いんです。僕は動画撮影を筆頭に仕事道具としてスマホを使っているため、20万ぐらいする機種を使用しているんです。その値

▶紙の地図は考えを書き込めるのも利点。その蓄積が自分だけのナビになるのだ。

オススメなのは振動防止のフルカバー型

僕が気に入っているのがこちらの2種。左がUAの物で、青色の部分はゲルのような柔らかさがあり、バイクの振動を吸収してくれる。ホルダーに対応した専用の充電ケーブルが必要になるのがネックだけど、そこを差し引いてもアリですね。右はアームバンド型のホルダー。日差しが強いときでも、自分の手を動かせば見やすい位置に持ってこられるので便利。

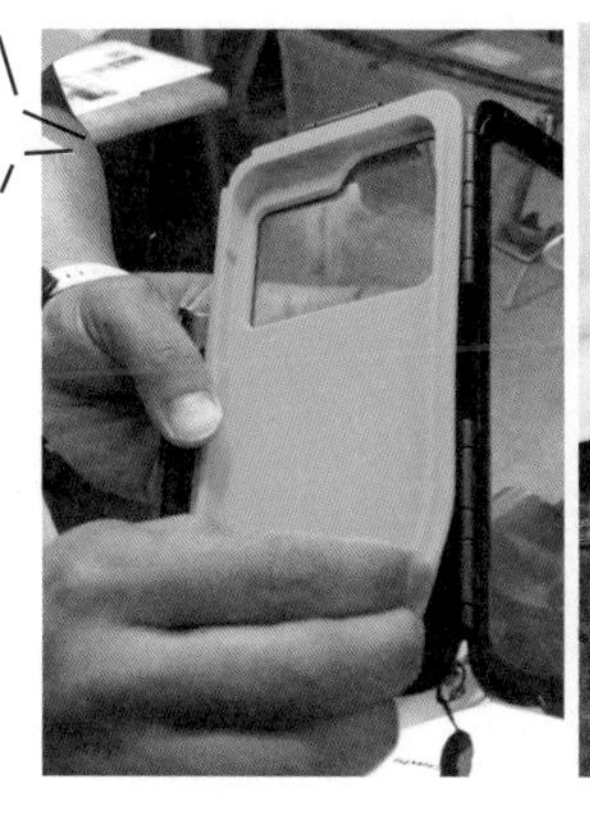

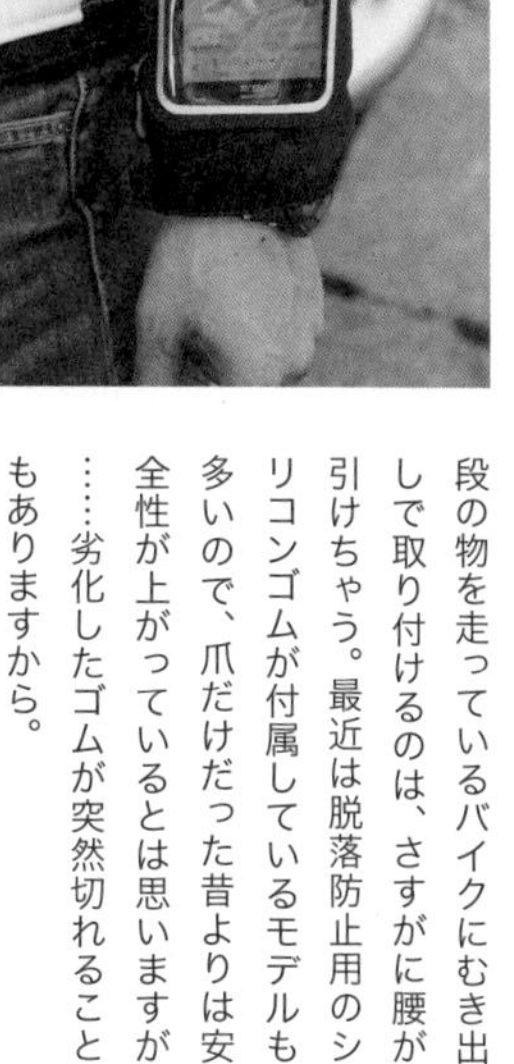

段の物を走っているバイクにむき出しで取り付けるのは、さすがに腰が引けちゃう。最近は脱落防止用のシリコンゴムが付属しているモデルも多いので、爪だけだった昔よりは安全性が上がっているとは思いますが……劣化したゴムが突然切れることもありますから。

その点フルカバーなら、脱落の可能性が低いので安心できる。防水性が高いのもメリット。ただしその反面、密閉されているので走行風によってスマホが冷却されず、夏場は熱によって勝手にシャットダウンされるというネックもあります。

それから以前ツイッターで話題になりましたが、バイクで長時間スマホを使っていると、振動でカメラが壊れてしまうことがあります。検索すると実際の写真が出てきますが、オートフォーカスや手ぶれ補正が効かなくなり、全体が波打ったような写真しか撮れなくなってしまうようです。スマホは精密機械なので、カメラ以外の面でも怖い。これを避けるには、振動を防ぐダンパーが搭載されたホルダーを選びましょう。

以上の2点を踏まえた上で気に入っているのが、UAという会社のユニバーサルハードケースという商品です。これは内部がダンパーラバーで覆われているので振動を吸収してくれるし、カバーのロックもしっかりしているのがいいです。マウントもボールジョイントで汎用性が高く、カバーをしたまま通話ができる、向きの調整や取り外しがしやすいと、使い勝手もよくてオススメです。

あと、バイク用ではないんですが、ジョギングなどに使うアームバンド型もオススメ。フルカバーで腕に着けるアイテムです。これだとバイクに固定する必要がないので、複数台所有している人は楽です。その日乗るバイクにホルダーを付け替えなきゃいけないという手間から解放されます。自分の体に付いているから、ちょっとコンビニやトイレに寄りたいというときに、いちいちスマホを取り外して……という手間も省けます。

スマホナビについてのトピックといえば、運転中の注視の問題もありますね。停車している場合を除き、走行時にスマホを操作したり画面を注視すると、違反を取られる可能性がある。その意味ではヘルメットの内側に取り付けるスピーカーというのも、重要性が上がってきたかもしれません。どこで曲がるのかを音声案内で確認できれば、スマホを見る頻度を減らすことができます。

ただし、カナル型のような耳の穴に入れるタイプは周囲の音が聞こえにくくなる危険性があるし、条例で違反になる場合もあるので、使わない方がいいでしょう。インカム兼用のブルートゥースで接続する製品が結構安価な値段から存在しますが、そういうのでも意外に問題なく使えます。耐久性は分かりませんが、本当に安い物は1000円とか2000円とかなので、試しに使ってみるのもいいと思います。

Go to Video

検索

携帯も壊さない耐振動・完全防水のマウント：UA携帯マウント・スマホホルダー

乗車編

USB電源の注意点は？

スマホホルダーを付けたなら、充電のための電源もやっぱり欲しい！ だけどちょっとした注意点もあります。参考にしてみてください。

数年先を見越してタイプCを買うのだ！

USB電源は、もう必須アイテムでしょう。携帯電話を日常的に使うし、ツーリングに行けばインカムだカメラだと電子機器も増えるから、出先で充電できないのは痛い。もはや手元にコンセントを置いておくという感覚です。

いろいろな製品が出ていますけど、選ぶ際のポイントは、2A（アンペア）以上の電流が取り出せることですね。USB電源には1Aや800mAの製品も多いんですけど、それだとスマホのバッテリーが空になったとき、充電を開始できないことがあるんです。それはちょっと困る。

ソケットが2つ3つある物を取り付けて、複数の機器を同時に充電したいと考えているなら、なおさら2A以上欲しいです。僕は4A取れるようにしています。

アンペア数が高いとバイクに負担が掛かるんじゃないかって不安になるかもしれませんが、大丈夫。5V2Aなら消費電力は10W。ウィンカーが光るだけで21Wだから、全然余裕です。ご安心あれ。

もうひとつのポイントは、直接USBが挿せて、しかもソケットがタイプCであること。

シガーソケットタイプの電源もありますけど、これは今後消えていくでしょう。すでにラインナップがかなり減っています。10年以上前ならいざ知らず、今となってはUSBに変換するアダプターを挟まなきゃいけない手間があるだけで、メリットがありません。

タイプCがいいというのは、これからの主流だからという理由です。現状、電源側に挿すのは四角くて平べったい横長のソケットが大半ですが、あれをタイプAといいます。今後は電源側もタイプCになっていくのは間違いないでしょう。タイプCは、Aと比べてできることの幅が広がっているので、何年かたった後に「あのときタイプAのやつを買っちゃったから、あれができない、これが不便……」って後悔する可能性を減らせると思います。それに物理的なサイズが小さいから、ハンドル回りがスッキリする。これも大きなメリットでしょう。

後は国産のそれなりの製品を買うこと。中華製のやつをかなり試しましたけど、やっぱりハズレが多いというか、安価な物はほぼ全部と言っていいですね。電気が流れる流れないの前に、平気でソケットが挿さらなくなったりします。

最後に、これは取り付ける際の注意点ですが、必ずアクセサリー電源から電気を取って下さい。もしくはリレー式。そうじゃないと、エンジンを切っても充電が止まらず、バイクのバッテリーがすぐに上がってしまいます。絶対に〝キーオフで充電オフ〟じゃないといけません。

何を言っているのかよく分からない人は、自分で配線をいじろうとせず、お店で取り付けてもらうことをオススメします。電気系はそれなりの知識がないと、ちょっと不安ですから。……というか、分かっても頼んじゃえばいいと思います。自分でやるにしても、電気用の工具を揃えたりすると、結局お店の工賃と大差ない出費になっちゃいますから。

乗車編

絶対に必要な任意保険！

バイクに乗るためには外せないアイテムが任意保険。その重要性と、自分を守るためにもこうやって契約して欲しい、という部分を説明します！

専門家を通すことが自分へのメリットに！

いまだに「自賠責に入っているからいらない」という人がいるんですけど、これは本当の本当に必須です。僕は任意保険を義務化してもいいんじゃないかと思っています。

なぜ必要なのか？

それは自分を守るためです。もし事故を起こしたら、何千万や何億のお金を払うことになる。とてもじゃないけど、自腹で払える額じゃありません。

ただ、こういうことは既に耳にしてきたと思います。だから今回は、自分へのメリットという点での必要性を、いくつか紹介しましょう。

そもそも任意保険がないと困ることって、けっこう多いですよ。例えばパンクや故障で身動きが取れなくなっても、レッカーを呼ぶことすらできません。JAFという手もあるけれど、任意保険に入っていない人が加入しているとは思えないし、非会員はそれなりのお金を払う必要がある。でも保険に付帯しているロードサービスなら、規定の距離内は無料で、いくら使おうと等級に影響も出ない。保険会社によっては距離に制限がないところもあるから、北海道ツーリングの最中に壊れたバイクを、東京の自宅まで持ってくることもできます。

あとオススメなのが、弁護士費用特約と、人身傷害特約を付けること。弁護士費用特約は、自分だけでなく家族も使えるし、別に自動車事故とは関係ない場面でも使えるんですよ。人身傷害特約も同様で、車両に絡む事故なら、徒歩や自転車に乗っているときでも補償してくれる。しかも自分だけじゃなく、家族が事故にあった場合もです。

こんなふうに、皆さんが思っているよりもカバー範囲がえらく広くて、メリットも多いんです。だからちょっと高いなと思っても、しっかり加入して欲しいです。

そしてこれも昔から言っていることですが、保険の取り扱いを専門の業務としている、信頼できそうな代理店を通して契約して下さい。

僕がなぜそこにこだわるかというと、保険の内容や約款についてきちんと把握していて、そこで起きるトラブルを解決したことがある人が、味方にいた方がいいわけです。いざ事故が起こったとき、保険会社も商売なので、できれば支払いを減らしたいんです。だから言い分に従っているだけだと、出るはずのお金も出なかったりする。僕も何回もやり合っていますけど、100万単位で減らされることだってあります。特にもらい事故の時は、「相手の保険会社からもらって下さい」って突き放されたりします。

こちらは初めての事故でも、会社側はプロだから、なかなか太刀打ちできるものではありません。そういうときに契約した代理店に相談すると、こちらの立場に立ってフォローしてくれたりするんです。

こうした専業の代理店は、医療や火災といった商品も当然取り扱っています。年齢を重ねるにつれてバイク以外の保険も必要になってきますから、そういうのも含めて優秀な代理店のお世話になるのが、一番いいと思います。

乗車編

気をつけたい うっかりミス

バイクライフを送っていると、ちょっとした気の緩みがトラブルを招くことも。「ついうっかり」はどうしてもあるけれど、なるべく回避できるよう参考にして下さい！

エンジンが掛からないときは焦らず確認を

このうっかりは、ちょこちょこ耳にするかも。セルボタンを押してもうんともすんとも言わず、困り果ててロードサービスを呼んだら、実はキルスイッチがオフになっていただけでした、などです。

似たようなパターンで、ニュートラル以外にギアが入っているというのもあります。

例えば、坂道でローに入れて駐車し、そのことを忘れてセルを押す。でもエンジンが掛からない。バイクには安全のための装置がついており、ギアがニュートラル以外に入っている場合、クラッチを握らないとセルが回らないようになっていることがほとんどです。また、サイドスタンドが出た状態も、ニュートラル以外にギアが入ったらエンジンが停止するようになっています。なのでこの例の場合だと、クラッチを握ってもサイドスタンドが出たままだったら、やっぱりセルは回りません。

セルが回らない、エンジンが掛からないという場合は、一度深呼吸して心を落ち着け、キルスイッチ、ギアポジション、サイドスタンドを確認して下さい。

ガス欠は余裕を持った給油で回避しよう

ロードサービスの理由第1位が、ガス欠。つまりガソリン切れ。キャブ車の場合、ガソリンが切れたのでリザーブに切り替えてスタンドまで行き、給油後にうっかりフューエルに戻し忘れちゃった、なんていうのがありますね。そうすると、次にガソリンが切れたときはリザーブまで使い切っているので、身動きが取れなくなっちゃいます。

Fーの場合は、残り少なくなってくると警告灯がつく場合がほとんどでしょう。点灯したら、おとなしくガソリンスタンドを目指すことをオススメします。最近は残り何km走行できるかが表示されるバイクもありますけど、あれは全然当てにならないので信じてはいけない。残り50kmと表示されていたら、25kmしか走れないと思ったほうがいいです。そのまま走っていると、じゃんじゃん距離が減っていきます。

まだ少しガソリンが入っていて、車体を揺らすとチャプチャプと音もするのに、エンジンが掛からない車両もあります。少なくなってきたと思ったら、余裕を持って給油するのが一番。特に郊外へ行った場合、最近はスタンドの数が減っているので、予想以上に長い距離を走らなきゃいけないこともありますから。

バッテリー上がりもキルスイッチに注意

バッテリーの寿命やメンテナンス不足は仕方がないとして（これは普段からのチェックが大事）、うっかりやってしまうのは、キルスイッチでエンジンを止めたとき。

例えば、ちょっと地図を確認しようと路肩にバイクを寄せる。周囲に迷惑だから、エンジンは切っておくか……と思ってキルスイッチをオフにすると、エンジンは停止するけど、アクセサリー電源は生きているんです。そしてヘッドライトやUSB電源で、バイクのバッテリーが消費されてしまう。こういうこともあるので、キルスイッチでエンジンを止める癖は付けない方がいい。あれは転倒したときとか、非常時にだけ使うようにしましょう。

　バッテリーが上がった場合、押し掛けというものがあります。やり方は、イグニッションをオンの位置にした後、ギアを2速に入れる。次にクラッチを握りながらバイクを押してタタタッと走り、勢いがついたところでクラッチを一気につなぐ。そうするとエンジンが掛かります。

　ただし、基本的にキャブ車だけ。FIの場合、押し掛けができるのは〝エンジンを掛けられるほどじゃないけど、多少は電気が残っている〟というレアな状況のみ。それ以外は、一瞬掛かってもすぐエンジンが止まります。長い下り坂を使うことができれば、もしかしたらなんとかかかるかもしれません。

　どのみち、経験のない人が200kgも300kgもあるバイクを押し掛けするのは、難易度が高いでしょう。なんとかしようと頑張って体力をすり減らす前に、ロードサービスを呼ぶことをお勧めします。

熱いマフラーには注意が必要！

　マフラーが上の方についている車種は気をつけたい。オフ車やスクランブラータイプは要注意です。

　バイクに取り付けるシートバッグは、ヒモがたくさんついている商品も多いじゃないですか。長さ調整のベルトや、ポケットが開かないようにするためのバックルだとか。そういうのが走行中にプラプラしていたり、バッグそのものの位置がずれたりすると、マフラーに触れて溶けるんです。ダウンマフラーでも、荷物を出そうとして開口部を開いたとき、ヒモが垂れて当たることがあります。あとカッパの裾が触れちゃうとか。

　こうしたヒモって大体は石油製品だから、溶けるだけでなく、マフラーにベッタリと貼り付きます。こびりつきを落とすのは一苦労なので、ご注意下さい。

ライトはひとつ持っておきたい

　これはうっかりをリカバリーするための備えです。郊外に住んでいる方はよくご存じでしょうけど、田舎道は街灯もまばらで、ライトがなければ何も見えないのが当たり前なんです。だから「今、何か踏んだかな？」「バイクから異音がするぞ？」と思っても、ライトがないと確認もできません。

　スマホのライトがあるから大丈夫と思うかもしれませんが、そのスマホがホルダーから落ちちゃったから探したい、というのもよくあること。仮にスマホがあっても、ロードサービスを呼ぶことを想定して、バッテリーを温存しておきたいです。

　雨でも使える防水のペンライトなんかがオススメですが、キーホルダーにぶら下げられるような小さい物でも構いませんので、ひとつ持っていると安心です。

シートバッグを常備すると安心

　これもうっかりを防ぐ備えです。別についていていても構わないよっていう人は、シートバッグを装着したままにするのがいいと思うんですよ。それで中にはカッパと、ちょっと羽織れる物を一着入れておきましょう。

　カッパを入れる理由は、雨ももちろんですが、霧のような場合もなんです。経験がある人は分かると思いますが、霧ってけっこう濡れるんです。そしてそのまま走っていると、走行風で体温を奪われてしまう。雨と違って予報が出るものではないので、普段から持っていると安心です。

　羽織る物は、温度変化への対応。日中と夜で着る物を変えなくてもいいのって、実は真夏と真冬くらいですよね。それ以外は、日が沈むともう一枚服が欲しくなる。そういうときに羽織る物があると助かるし、その上にカッパを着て風を防げば、そこそこの寒さでも耐えられます。

　バイクに乗る上で、状況に応じてこまめに着衣を変えられる方が、絶対にいいんです。備えあれば憂いなしということで、バッグは着けっぱなしにするのがいいと思います。予定外の買い物をしちゃったときも、「入れるところがない！」って困らずに済みます。

乗車編

ツーリングのコツと動画撮影のコツ

**バイクの楽しみ方の一例として、
この2つについて少し解説してみよう。
興味がある人のお役に立てれば幸いです。**

到着することではなく走ることが目的です

ツーリングについては『春夏秋冬ツーリングに行け！』という本に詳しく書いたのですが、あの頃とは耳にする悩みとかがちょっと変わってきたなと思います。

特に感じるのは、若年層を中心に、失敗を怖がる人が増えたということ。その点で、目的地の選び方っていうのは、ちょっと話したいなと思いました。

せっかくバイクで出かけてガッカリするのも嫌だな、ということで、SNSで話題のスポットなら大丈夫だろうと目的地にすることも多いようなんですが、ちょっと注意が必要。そういう場所は同じような人たちでごった返しています。別にそれが気にならないという性格なら問題ないんですけど、混雑が好きじゃないなら、それでガッカリしちゃう可能性があります。それにそうやって有名になったところは、閉鎖になったり通行禁止になったりのいたちごっこなんです。

だから目的地をひとつにしない方がいいと思います。「ここに行くんだ！」ってガチガチに固めちゃうと、行けなかったときの落胆が大きいですし。プランABCぐらいを持っておくのがいいと思います。

それからこれはスマホホルダーのところでも話したことですが、「目的地」に縛られないで欲しい。これを書いている何ヶ月か前に、石川県の千里浜というところに行ったんですよ。砂浜が道路扱いになっていて、バイクや車で走れる場所があるんです。もちろん千里浜自体も素晴らしかったんだけど、そこへ至る道中も、絶景や走っていて気持ちのいい道がたくさんあったんです。

目的地だけに意識が行ってしまうと、ナビに住所を打ち込んで、高速道路や国道を走って……となって、そういうところを見逃してしまう。楽しみな目的地はあってしかるべきだけど、根本の目的はバイク自体を楽しむことであって、そこが逆転するのはもったいないなと思うんです。意外とそれに気づかずに走っている人を見かけます。単純に移動のツールになっちゃうんだったら「車の方が快適じゃん」っていう話じゃないですか。

だから、そういう道中の面白いところを見つけるためにも、地図を見て欲しい。もちろん不自然なルーティングになるから、今すぐうまいことできるわけじゃありません。普段から地図を眺めて、行ってみたい場所や道を蓄積していくのが肝心です。ツーリングマップルにマーカーを引いてもいいし、ストリートビューとにらめっこしながら、グーグルマップにピンを刺しておいてもいい。

すると「この道は川沿いで気持ちよさそうだな」「お、その先になんだか変なスポットがあるじゃないか」って、行きたいところが増えていく。行った先でも「途中で分岐してたあの道も面白そう。帰ったら地図で調べてみよう」となって、地図を眺めること自体も楽しくなる。

それぞれが絡み合ってツーリングがどんどん楽しくなる、プラスのスパイラルが起こって行くと思います。

動画を撮るためのカメラは何がオススメ？

ツーリングに付随する楽しみとして、その過程を動画に撮る人も増えました。僕も日常的にバイクの動画を撮っている人間ですので、知っている範囲のコツや知識を紹介しましょう。

まず機材。アクションカムといえばGoPro（ゴープロ）なんですけど、僕は最近ちょっとかわりました。インスタ360というカメラが凄いんです。

バイクの動画を撮りたい人って何パターンかに分かれていて、景色を撮りたい人、おしゃべりなんかも入れつつ友達とのツーリングを残したい人などがいるんですけど、多いのは景色です。走行中の風景を撮る際の一番の敵は、やはり手ブレ。これはバイクに乗っている限りしょうがないんですが、このインスタ360だけは景色が1㎜もブレない。景色を撮りたいのであれば、この本を作ってる2021年中盤の段階では間違いなく一番いいです。

問題点は、マウントなどの周辺機器があまり良くないこと。でも標準的な1ネジカメラマウントなので普通のカメラ用機材が使えるし、変換を噛ませばゴープロ用のシューも使えるから、あまり気にしなくても大丈夫でしょう。

それとソフトの問題で、1〜3分くらいのファイルでないと書き出せません。そのため短時間の映像を積み上げていく感じになるでしょう。観光地を歩きながら20分30分回し続ける、というのには向きません。「ここだ！」っていうところを撮るのに力を発揮するタイプです。

逆に言えば、A地点からB地点までの様子を回しっぱなしで収めたい、というドラレコ的用途にはゴープロが向いています。容量の大きいマイクロSDを入れておけば1時間でも2時間でも回せますから。あと、メディアモジュールという3．5ミリのピンマイクを挿せるオプションがあります。ゲインの調整が難しいという問題はあるんですけど、会話を入れたい人は、現状このモデルを

Insta360

写真はONE X2というモデル。360度全方位を撮影できるカメラで、目当ての方向だけ撮ることも可能。実勢価格も5〜6万円程度と、機能の割にお手頃だ。

◀手ぶれ補正や水平を維持する機能がとにかく強力。砂の上をバイクで走るという悪条件でもこのとおり。

GoPro

アクションカムの代名詞とも言える存在。歴代モデルで積み重ねた機能や堅牢さは安心の実績だ。映像制作で広く使用されているほどなので、画質も十分奇麗。

◀マウントなどのアクセサリー類が豊富なのはうれしいポイント。大きすぎず小さすぎずのサイズ感もいい。

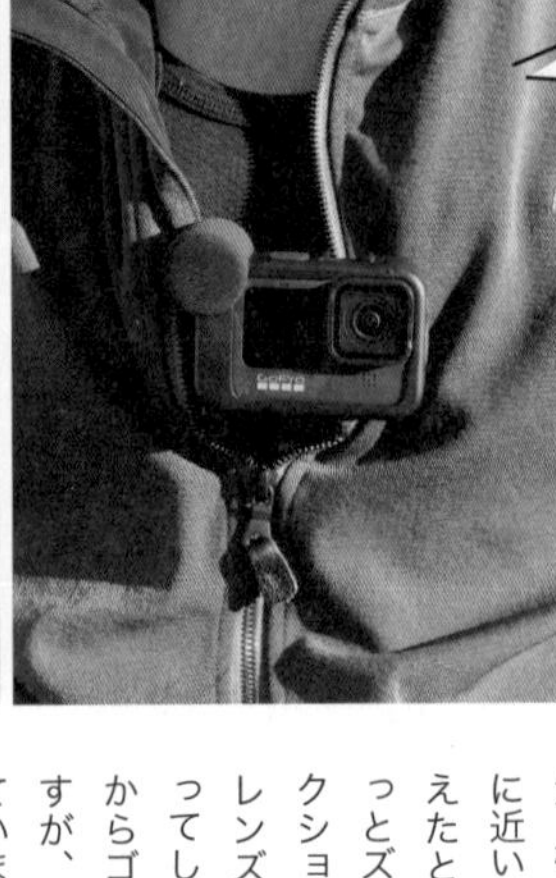

マウントは胸部がバランス良し！

胸部は映像的な臨場感が出るだけでなく、使い勝手もいいですね。インナーの上にマウントを着ける写真のようなスタイルであれば、録画ボタンをすぐ押せるし、バイクを降りたらライジャケの中に入れてしまえば取り外さなくてもOK。手の甲も自由がきいて便利。危険のない範囲で手を動かせば、真横や後方を撮ることも可能です。

選ぶしかないです。マイクをヘルメットの頬あたりに付ければ自分の声も入るし、インカムから聞こえる友達の声も拾うことができます。

「あの山を見せたい」というような、特定のモチーフにフォーカスしたい場合もゴープロ。カメラのレンズには広角・標準・望遠があって、人間の視覚に近いのは標準の50㎜。ドンと山が見えたときの印象を伝えたいなら、もっとズームしてもいいくらい。でもアクションカムは映る範囲が広い広角レンズが基本で、対象物が小さく映ってしまう特性があるんですね。だからゴープロもベストではないんですが、超広角のインスタよりは適しています。ただ、フリーズなどが多いという弱点もあります。

総評としては、長回しをしたい、対象物を撮りたいならゴープロ。全体的な風景を撮りたいならインスタ360がオススメです。

取り付ける位置も映像に影響する

実際に撮影する上では、どこにカメラをマウントするかも重要です。やっている人が一番多いのはハンドルマウントだと思いますが、これは臨場感があまり出ない。車体の振動がダイレクトに来てしまうのもネック。バイクが映っているから臨場感があるのであって、ハンドルに乗せているだけなら、車のダッシュボードと変わらない映像になってしまう。

しかし、そこは何が撮りたいのかにもよるので、一概に悪いわけではありません。ドラレコ的に記録としてルートを収めたい人には、むしろ適していると言えます。

ヘルメットにマウントする方法もメジャーですが、僕はオススメしません。歳を取ってくると、ヘルメットの映像は酔っちゃうんですよ。後で見返すのがつらい映像になってしまうと、撮った意味がないです。それに100～200グラムのカメラをヘルメットに載せるとかなり重く感じ、側面に取りつけた場合は頭のバランスもおかしくなります。

以前は僕もやっていて、いい感じにマウントできる器具が作れないかといろいろ頑張ったんですが、どれも無理で諦めました。人間の頭部って自分が意識しているよりも、かなり頻繁かつ大きく動いているんです。視線と同じ方向を記録したいというような場合以外はキツいです。

一番いいのは胸部でしょう。ライダーの動きと映像がシンクロするから臨場感も出るし、その動きが酔うほどではない。すぐ押せる位置にカメラがあるから、必要なときにパッと録画できるのもメリットです。

次点は手の甲。普通にハンドルも握れるし、画角を少し狭く設定すればミラーなども映りこまず、使い勝手は良好。カメラを手前に向けておけば自撮りもできるし、横方向に撮りたい物があったら、そちらに手を向ければOKです。

タンデムステップのあたりにカメラを付けてローアングルで撮るとかもありますけど、ああいう特殊な構図は、見ている人はそれほど面白くないです。自分が楽しむためならもちろん構わないのですが、公開して人に見てもらうための映像としては微妙。一瞬差し込んでアクセントにする、とかならアリです。長時間見ていられるのは、結局のところ普通の映像です。奇をてらった特殊効果的なものは、一瞬、しかも一回見たら飽きちゃうんです。360度VRも同じです。

　こうした車体やヘルメットへのマウントは、吸盤や両面テープで留める物も多いですが、あれはかなりの確率で落ちます。確率というか、時間の問題なだけです。最終的には100パーセント脱落するのでご注意ください。

動画編集のコツは短い尺を意識すること

　ここからは編集も踏まえた撮影テクニックなので、そこまでしない方は読み飛ばしてください。

　まず基本の心構えとして、いい動画を作りたいのであれば、どういうシーンをどんなふうに撮りたいのか、ちゃんと考えることが大事です。バイクに乗っているときの映像って、自分では短いと思っていても、後から見返すと絶対に3〜5分くらいは回しています。できるだけ短く短くと意識している僕でさえそうなので、普通は15分や30分になってしまうと思います。記録としての撮影ならいいのですが、それを編集して映像を作りたいとなると、なかなか大変。15分の素材を編集し直すのって、ある程度慣れている僕でも、下手したら3日かかります。多くの人はそこで挫折しちゃうんですよね。

　これは動画を作り上げる際も同じで、例えば僕はワンカットを2〜3秒にするよう心がけています。15秒以上同じカットだと、見ている人はすごく長く感じちゃう。一瞬一瞬のアクセントを作ることで視聴者の目を疲れさせない、飽きさせないというのは、楽しく見てもらう上でのポイントです。

　だから素材となる動画も、基本的に1回15秒以上は撮影しません。写真を撮るような感覚で細切れにするのがいいんですけど、何を撮ったのかは絶対に忘れてしまうので、何かセリフを入れておくのがいいと思います。ただしそこでやっちゃいけないのが、「これから○○します」と言ってしまうこと。それはその時の気持ちであって、撮っている物の説明じゃないんです。時系列の説明にもなってしまうから、前後のシーンを入れ替えるのも難しくなります。「これからご飯に行きます」と言ってしまったら、次は食事のシーンを入れるしかない。お店が開いてなかったらどうしようとか、不味かったらどうしようとか、次のシーンが使えない可能性まで考えておいたほうが、失敗を減らせてクオリティーも上がります。

　同様に音声で入れておくと便利なのが、「チッ」という舌打ちの音（クリック音）。例えば、釣りのときに魚の跳ねる映像が欲しいとします。でも跳ねてとお願いしたら跳ねてくれるわけじゃありませんよね。だからカメラを回しっぱなしにしておいて、跳ねるシーンが撮れた後にクリック音を入れておくんです。

　そうすると、帰ってから編集ソフトでいじるとき、タイムラインのサウンドトラックに表示される波形がそこだけ尖って見えるので、どこを切り出せばいいか一発で分かります。何十分も見返して跳ねるシーンを探していたら時間がかかってしょうがないので、こうしたテクニックで省力化しましょう。

　これは複数のカメラを同時に回すときにも使える手法。最初と最後に、パンパンって手をたたく音を入れておくんですね。同時に録画を開始しても、フレームレートなどの関係で、データには機器ごとのズレが絶対に出るんですよ。波形があればそれを基準にできるので、同期を取るためには必須です。

動画撮影のポイント

- **撮りたい絵を意識しながら撮影を!**
- **1回の尺は短めを意識する。**
- **クリック音を活用すれば編集しやすい。**

こんなことはしちゃダメ！

動画や写真をSNSに投稿し、沢山の人と交流するのは楽しいものだけど、注意しておいたほうがいいことも。どんな内容が危険なのだろう？

バズってしまう前によく考えて書き込もう

これは前項の動画に関連する内容です。ツーリング先で写真を撮ったり、ましてや編集した動画を作ったりしたら、誰かに見てもらいたいと思うのは自然なこと。だけどSNSにはやっかいな一面もあって、僕はそういう負の部分も山ほど味わっています。……とはいえ、このご時世でSNSをやるなというのも非現実的なので、いくつかの心得だけでも説明させてください。

●ネガティブな投稿を避ける

例として、事故や交通トラブルで説明しましょう。事故をふざけて投稿するのはどうあがいてもダメ。皆さんも、感覚として分かってくれるんじゃないでしょうか。

ただこれ、自分の事故もなんですよ。自損で転んだ、相手に非があって事故に巻き込まれたっていうのを、感傷もあってポエム調に語ってしまう人はけっこう多い。でも、他人に迷惑を掛けていようといまいと、自分に非があろうとなかろうと、何かの拍子にバズったら批判や中傷は必ず来ます。例えばあおり運転をされて「何もしてないのにひどい！」とドラレコの映像をツイッターに載せる。そうしたら「ノロノロ走っているのも悪い」「キープレフトをしていない」なんていうリプライがすぐ飛んできますよ。バイクのソーシャルは闇を抱えていて、批判のやり合いになりがちなんです。衝動を誰かに伝いたい気持ちは分かりますが、自分にとってマイナスしか生まないので、グッとこらえましょう。誰かの死亡事故をポエムにするのもNGです。

動物系のソーシャルなんかは、穏やかな空間が広がっているんです。「うちの子がかわいい」「大好き」というようなポジティブなつぶやきには、ネガティブな発言を遠ざける力があります。だから意識的に、楽しいことだけをアップするのをオススメします。

●女性に注意してほしいこと

これは個人情報につながる写真などをアップしないようにして欲しいです。まず自分の顔をアップしない。できればバイクもなんですが、それはちょっと厳しいので、少なくとも家の近所では撮影しないのがいいでしょう。「これからツーリングに行きます」って自宅前や最寄りのコンビニで写真を撮ってしまうと、あっという間に場所が特定され、近所に同じバイクがないか探し回って自宅が割り出されてしまいます。なにしろ、瞳に映りこんだ風景から撮影場所が特定されるような時代です。何であれ自宅付近で写真は撮らず、せめて10～20㎞ぐらい離れてからにしてください。

女性が自分の顔や生活圏をSNSでさらすのは、男性で例えれば住所付きで「これだけ入っているよ」と金庫の中身をさらすようなもの。それぐらいの危険性を秘めていると思ってください。

私のアカウントなんて友達しか見ないよ、と言う人があまりに多いですが、誰が見ているかわかりません。もし絶対バズらせないスキルを持っているなら、逆にあなたはインフルエンサーになれます。それぐらい、コントロールが難しいことなんです。

CHAPTER 03

メンテナンス編

ホワイトベース二宮祥平の

どんなときも
バイクに
乗れ!

メンテナンス編

愛車をキレイに保ち トラブルを防ぐコツ

**大切なバイクだからこそ、いつまでもピカピカでいて欲しい。
ここからは愛車を維持し、
好調なコンディションを保つための秘訣を見ていこう!**

雨と日光と錆がダメージをもたらす

中古車屋を営んでいる身として、最近は一台のバイクを長く乗り続けるという傾向ではないのかな、と感じることがあります。入荷する車両も、年季が入ってくたびれた物というのは、かなり減りました。街中でも、ヤレたバイクってあまり見ない気がしますよね。みんな新車や中古車を、ある程度のスパンで買い換えているんでしょう。ここ数年でバイク業界に起こった、変化の一つかもしれません。

とはいえ、所持している間は奇麗に乗りたいだろうし、何年たっても手元に置いておくと決めた、お気に入りのバイクがある人もいるでしょう。このメンテナンス編では、そうした「奇麗な愛車を奇麗なまま維持する」ための方法を紹介していこうと思います。

そのための基本となるのは、やはり適切な保管です。

保管場所として一番いいのは、風雨と日光が防げる屋内。劣化する速度が屋外とは顕著に違います。さらにエアコンで温度や湿度まで管理してやれば完璧でしょう。……まぁ、それができるのはどんな金持ちだという話ですが。ライダースマンションやレンタルガレージみたいな物件もあるけれど、あれも数えるほどしかない存在ですから。

僕は納車でお客さんの元へ訪れることも多いですが、その体感で言うと、青空駐車場や自宅の駐車スペースがほとんどで、屋根があること自体珍しいというのが実情でしょう。

でも屋内保管は理想ではあるので、その条件にどれだけ近づけられるかが大事です。まず、雨と風と日光を防ぐという点で、カバーは絶対に掛けましょう。青空駐車場に止めているなら言うまでもないし、カーポートや駐輪場のように一応屋根がある場所でも、掛けた方が正解です。

愛車をいい状態で保つために大事なのは、錆させないことなんです。錆は発生すると周囲を侵食しながら進行していくので、見つけたら早々に落とすべきだし、そもそもの発生自体を抑えたい。

だから、「しまった。雨が降ってきたけど、カバーを掛けてなかったな。でももう濡れちゃってるし、やんでからでいいか」っていうのは良くありません。それでしばらく降り続いて、数日間雨ざらしになった……っていうのは定番のパターンだし、そういうのが一番錆びます。濡れていてもいいからカバーを掛け、それ以上濡れるのを防ぐべきです。そして雨がやんだタイミングでカバーを外し、乾かしてやる。水洗いしてから乾かしてやれば、もっといいです。

これは僕の感覚ですけど、同じ水でも水道水より雨水の方が錆びやすいように思います。だから雨の後には、ざっとでいいから、雨水や泥を洗い流すことをお勧めします。

カバー自体は、絶対に雨が染み込まない、ある程度質のいい商品を選んでください。ただし、染みないという条件の中で、一番安い物で構いません。それで雨と太陽光をシャットアウトする。この二つはとにかくバイクの大敵です。紫外線は攻撃力が強いから、バイクを裸のまま置いておくと、プラスチックパーツやシートがみるみる劣化していきます。

ついでにもう一つ大敵なのが虫の死骸。高速道路を走った後なんかは、フロント周辺に羽虫がこびりついていますよね。これは塗装を痛めるし錆の原因にもなるので、見つけたらなるべく早く落としてください。

ちょっと前後しますが、なぜ安いカバーでいいかといえば、定期的に買い換えるのがお勧めだから。洗濯できる物じゃないので、汚れるんですよ。花粉や黄砂程度ならまだましなんですけど、ナメクジが這った跡がついていたり、クモが巣を張った跡があったり、猫のおしっこの匂いがついていたり。そういうのを使い続けるより、新品の方が気持ちが晴れやかになるし、カバー自体の性能も落ちません。何万円もする商品だと気軽に換えられないので、4~5千円くらいのやつを、毎年新しくするのがいいと思います。レインウェアと同じ考え方です。

そして錆と同じくらい注意したいのが、ガソリン関係。バイクを壊すのは、大体ここからくるトラブルです。

一番いいのは、定期的に乗ってガソリンを循環させることです。古い物をちゃんと消費して、新しいガソリンと入れ替わっていれば、それだけでトラブルが起きる可能性がぐっと減ります。

じゃあ長期間乗らない場合はガソリンを抜いておけばいいのかというとそれもまた違って、空だと今度はタンクが錆びるんです。だから、長期保管では満タンにしておく方がいいと言われますね。でも正直、満タンでも錆びることはあるんです。あれは何が原因なのやら……。

ガソリンタンクの中というのは、一番錆びちゃいけない場所です。外側みたいに磨いて落とすこともできないし、ガソリン自体もすごく劣化する。錆の粉末が溶け込んだりしますから。それがエンジンに流れていくわけで、下手したら廃車クラスのダメージを招いてしまいます。

そういう事態を避けるためにも、アイドリングでいいから、2週間に一度はエンジンを掛けておきたいですね。ついでにタイヤも少し動かして、変形するのを防ぎましょう。乗る時間がなくても、それだけはやってあげて欲しい。どうしても長期間乗れないという人は、以前に作成した冬眠方法の動画がありますので、参考にしてください。

結局のところ、保管で重要なのは「カバーを掛けて雨・風・日光を防ぐ」「定期的に乗る」「汚れたら洗う」という、非常に基本的なことです。

その中でも、乗ることは特に大事。走っていれば熱や走行風でバイクも乾くし、ガソリンやオイルも循環するし、動作部の固着も防げる。

「一回も乗っていないのに壊れた!」というような話もあるんです。でも、それは逆。ちゃんと動かして、消耗したところを適切にメンテナンスしてやることが、好調を保つ上で一番大事なんですよ。日々乗ることに勝る維持方法はありません。

――というわけで、次のページからは、どんなところが消耗しやすいのか、どうやってケアすればいいのかを見ていきましょう。

Go to Video

検索

バイクの冬眠方法：冬場の保管方法について

◀屋根がある場所でも油断せず、しっかりカバーを掛けよう。吹き込む雨や差し込む光を遮れるし、砂やほこりが積もるのも防げる。それに、盗難防止にも役立つのだ。それについては後の項目で説明しよう。

メンテナンス編

消耗箇所と点検方法

バイクは消耗品のかたまりだが、特に重要な、定期的にチェックすべき部分がある。問題が起きる前に対処してあげれば、寿命も伸びるし好調を保てるぞ！

命に関わる箇所はしっかり確認を！

前のページで話したとおり、バイクはきちんと走らせて、必要なメンテナンスをしてあげるのが、好調を保つための重要なポイントです。人間と違って悪いところが自然に直ることはありませんから、定期的に状態を確認して交換などを行い、リフレッシュさせてあげましょう。それがバイクの新陳代謝です。

このコーナーでは、チェーン、ブレーキ、オイル、タイヤ、冷却系統の確認方法を紹介します。これらは使用すれば明確に消耗が現れる箇所であり、放置すれば破損や命の危険にもつながる部分。目安の点検期間も記載していますが、普段の乗車や洗車の際にも気に掛けて、異常がないかチェックするといいです。

そうそう、ちょっと12ヶ月点検についても触れておこうと思います。

海外メーカーの上級モデルなどでは、この時期が近づくとサービスランプが点灯する場合があり、販売店で点検を受ければ、完了と同時に消してくれます。

だた、この点検って、何かしらの資格を持っている人がやらなければいけないという決まりはないです。自分でやってもいい。もちろんプロに見てもらった方が安心ではあります。

なぜこんなことを書くかというと、一部のブランドとかディーラーで、すごく高い料金を取られることがあります。5万とか10万とか。

それがネックになって点検に出しづらく、サービスランプがいつまでもピカピカ光っているというのは精神的にスッキリしないので、だったら自分でやってしまえばいいんじゃないかというわけです。

ちなみにどんな点検項目があるのかというと、例えば〝クラッチレバーの遊び〟〝ドライブチェーンの緩み〟〝燃料漏れ〟。これなんかは自分でも分かります。その他の項目も基本的には自分で確認できる内容だし、普通に走れて普通に消耗品を点検・交換していれば、問題はないはず。一部、ちょっとした分解（というほどでもありませんが）が必要そうな項目もあるにはありますが、これも音を聞いたりすれば分かるだろうという内容なので、ディーラーでも同じようにやっているんじゃないかという気がします。

で、必要な部分は改善をし、その結果を用紙に記入すれば点検は完了。用紙を持ってディーラーに行けば、サービスランプを消してくれるはずです。「うちで点検したわけじゃないから消せません」というふうに拒むことはできないらしいですから。記入する用紙は、陸運局の中にある整備振興会のショップへ行けば買うことができます。バイクに整備記録簿がついていたら、その中にも入っているかもしれません。

……というわけで、サービスランプは自分でも消せるよ、というお話でした。やろうと思う方は、調べれば具体的な点検方法なども見つかると思いますので、検索してみてください。それで無理だと思ったら、諦めてお店に出しましょう。自分でやれないところだけ見てもらってもいいですし。さすがに、少しは値段が下がるんじゃないでしょうか。

チェーン

点検の目安　小型車：5000kmごと　中型車以上：15000kmごと

①伸び具合と劣化を確認する

　まずは遊びを確認しましょう。チェーンを上下に押すと、ある程度たわみます。この幅が遊び。前後スプロケットの中間くらいの位置でチェーンを押し、一番下のときと上のときの差を計ります。この数字が規定の範囲に入っていれば問題なし。それ以上や以下であれば、チェーンの張り具合の調整が必要なので、お店で見てもらいましょう。規定値は車種ごとに異なるので、説明書を確認してください。

　次に、劣化を確認。一般的なバイクはシールチェーンを採用しており、金属同士のつなぎ目に、シールと呼ばれるゴム製のパーツが組み込まれています。これがひび割れていたり、所々無くなっているのは劣化の証。そうした状態のチェーンは、横方向に押すと大きくたわむと思います。新品はほとんどたわまないので、横にぐらぐら動いたら要交換です。

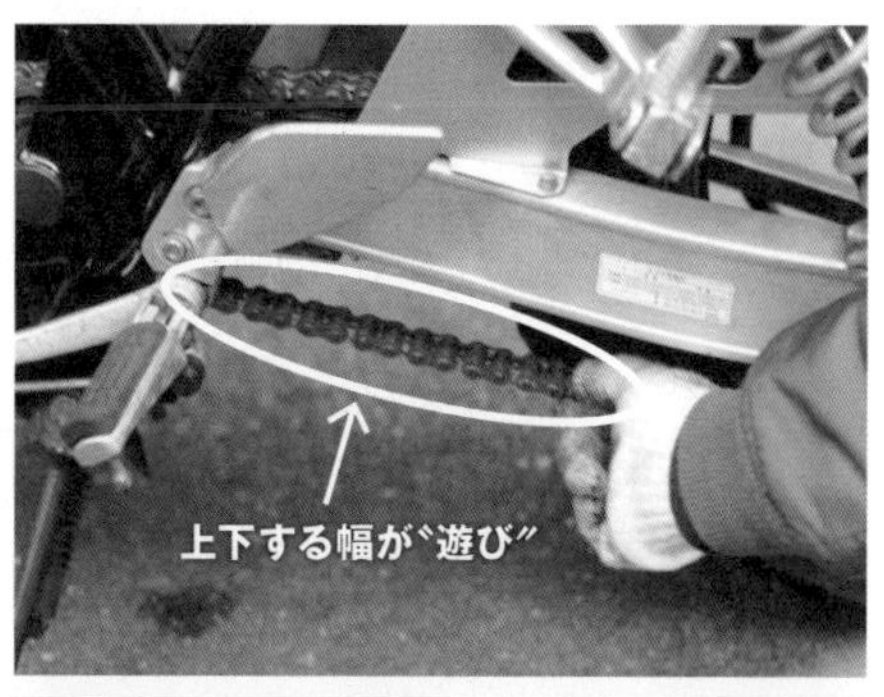

▶丸で囲んだ部分がシールと呼ばれる部品。オイルをさすときなどに、欠落していないか確認しよう。注油の仕方は、洗車のコーナーに記載しているぞ。

②スプロケットを確認する

　スプロケットは、U字の部分がゆがみ、ギザギザした山の部分も傾いていたら交換のタイミング。ここを過ぎると山の部分が鋭く尖り始めます。こうなると、走行中にチェーンが外れる可能性があるので、即交換です。左の写真の上段が新品、下段が要交換の物ですが、要交換の物は摩耗して山の太さが不揃いなのが分かるでしょう。

　スプロケットには前側のドライブと、後ろ側のドリブンがあります。摩耗しやすいのはドライブですが、通常はカバーがされているので、外せない人は隙間から覗いてください。なお、チェーン、前後スプロケットのどれかに交換時期が来たら、3点まとめて交換するのがお勧めです。

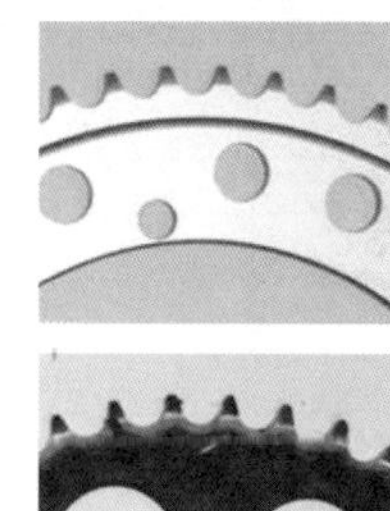

検索

バイクのスプロケットの摩耗や交換時期を点検する方法

検索

バイクのチェーンの点検・伸び、交換時期、使用限度を見分ける方法

ブレーキ 点検の目安 おおよそ5000kmごと

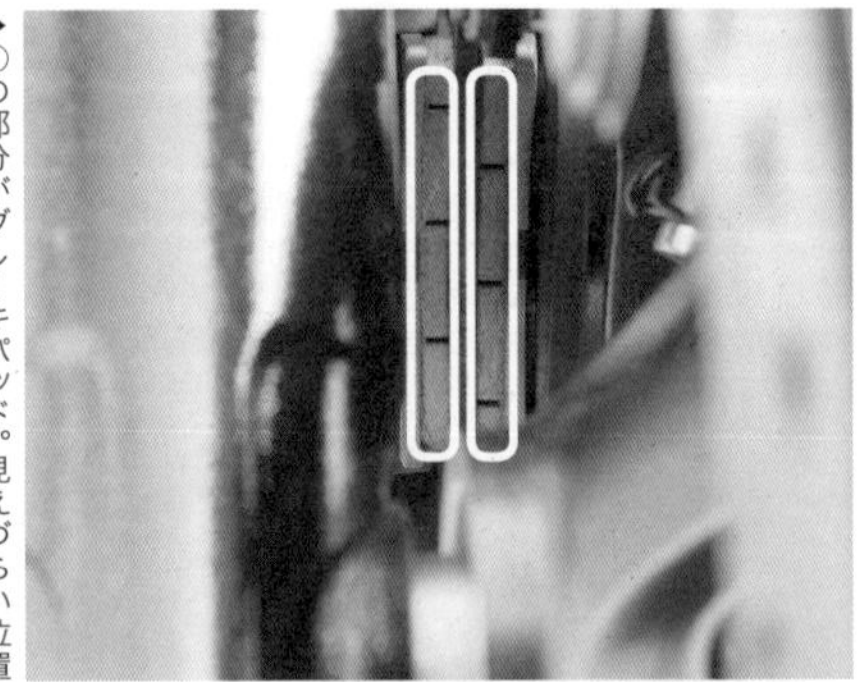

▶○の部分がブレーキパッド。見えづらい位置にあるのでちょっと手間取るかもしれないが、しっかりチェックしよう。

①パッド残量を確認する

ディスクブレーキの点検は、キャリパーを覗いてください。ローターという円盤を直接挟み込んでいるのがブレーキパッド。○で囲んだ溝の部分が残り少なくなっていたら交換です。ギリギリまで使うと、パッドの金属部がローターを削ってしまい、交換になる場合があります。ローターはパッドより値段が張るし、ブレーキ自体も効かなくなるので、ケチらず余裕を持って新品にしましょう。

注意点ですが、左右が均等に減るとは限りません。しかも、なぜか見えにくい内側の減りが早いことが多いので、両方をしっかり確認してください。

パッドの減りは車種や乗り方、パッドの特性で変わります。自分の使っている物がどれくらい持つのか分からない場合は、ある程度こまめに確認するのが安全。交換後は、商品に記載されている耐用距離を目安に点検してください。

検索

バイクのブレーキパッドの点検方法・使用限界・交換時期の解説

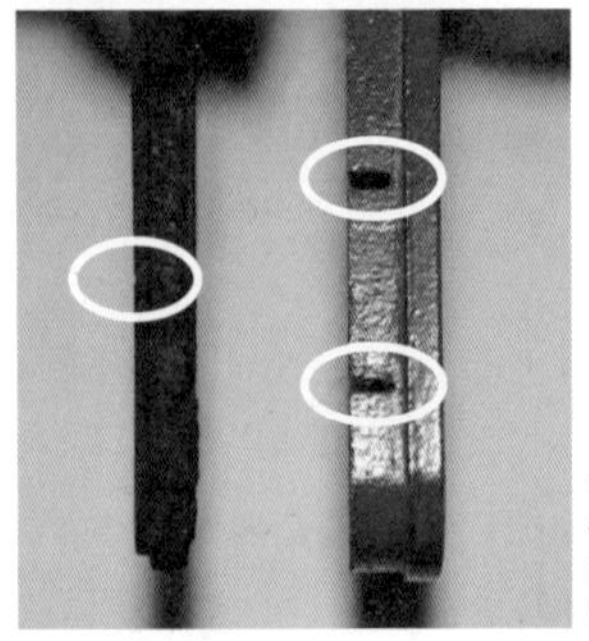

◀左が使用済み、右が新品のパッド。比べると、かなり厚みが減っている。ここまで溝が無いのは使いすぎ。もう少し早い段階での交換が望ましい。

②ドラムブレーキを確認する

ドラム式の点検方法はいくつかタイプがあるので、正確なやり方を必ず説明書で確認してください。とりあえず、ここではSRの場合を紹介します。

右の写真のように、ドラムの刻印付近に矢印形の金具があります。ブレーキを掛けた状態で、矢印が刻印の範囲外や、範囲ギリギリの位置を指すようであれば点検が必要(即交換、ではありません)。お店で見てもらいましょう。

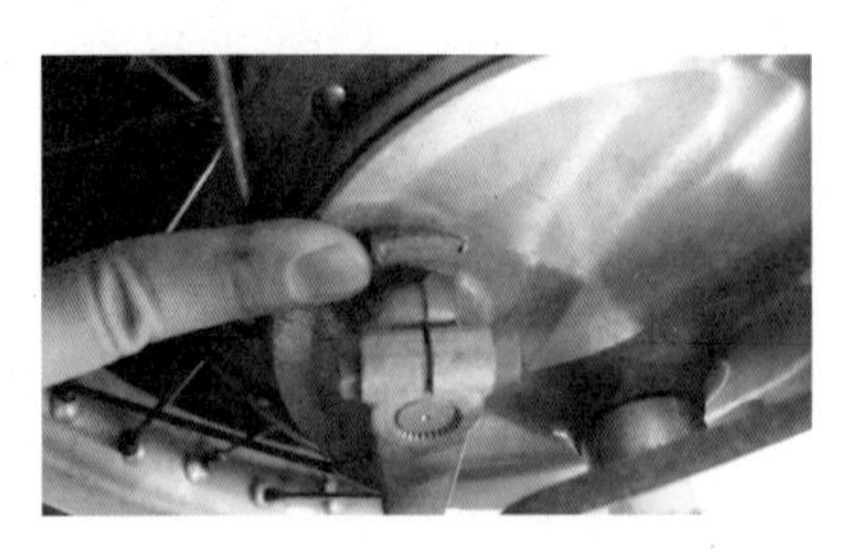

フルードもチェック!

ディスクブレーキは、マスターシリンダーも要確認。中に入っているブレーキフルードという液体は、2年ごと、または黒ずんできたら交換が必要。劣化しすぎると、ブレーキの効きが著しく悪化することもあります。大事な部分なので点検をお忘れなく!

検索

バイクのドラムブレーキの点検方法・かっくんブレーキとは

オイル

点検の目安

空冷→1000㎞または半年ごと
水冷→3000㎞または半年ごと

①オイルの量を確認する

これは種類によって2通りあります。まずオイル窓がついている場合。平らな場所で車体を水平にし、窓に記されたアッパーラインとロウアーラインの間にオイルが収まっていればOK。窓がない場合は、オイル注入口の蓋(フィラーキャップ)を外すと、その内側にゲージという棒が付いています。ゲージの規定部分までオイルで濡れていればOK。足りていなかった場合は足しましょう。特に空冷エンジンのバイクは、高速走行が多いとグングン減ることがあるので注意してください。またキャブ車の場合、アッパーラインを超えるほど増えていることも。これは漏れたガソリンが流れ込んでいる可能性が高いので、チェックしてもらってください。

②オイルの色を確認する

オイルが汚れているかどうかは色で判断します。窓がある場合はそこから見て、無い場合はゲージに付着したオイルの色で確認してください。通常新品のオイルは、若干色味がかっている程度で、ほぼ無色透明。これが黒ずんでいるようだと、汚れている状態であり、交換の目安です。ただし、この状態でも必要な性能を発揮しているオイルもあります。汚れ方としては順当なので、一応気に掛けつつ、目安の距離になってからでも構いません。車両の説明書には交換の距離が書いてありますが、あれは上限に近い数字。可能なら6掛けくらいで換えるのがいいです。3000㎞と書いてあったら、1800〜2000㎞くらいで交換という感じです。

汚れ方でまずいのは、白っぽくなっている場合と、灰色っぽくなっている場合。白のときは水が、灰色のときは多量の金属粉が混じっている可能性があります。フィラーキャップの裏に白い粘土質の物が付いていたりしたら問題アリ。お店で点検してもらいましょう。

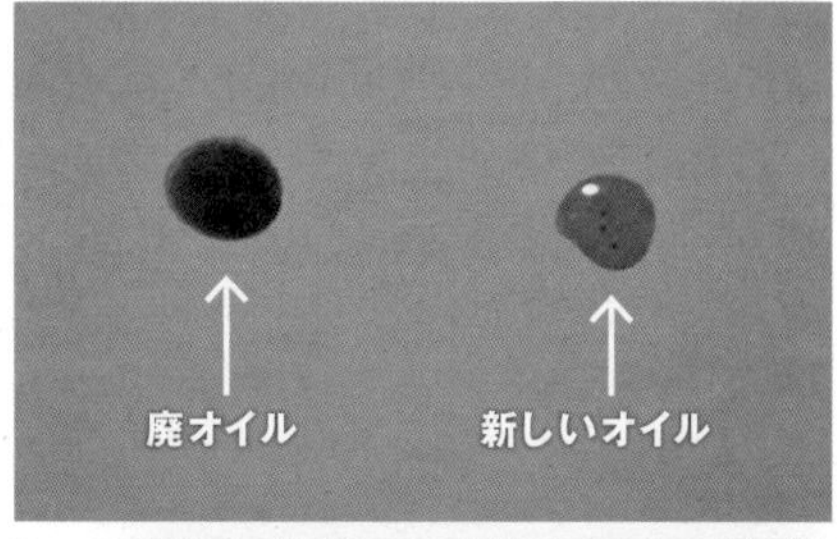

▶ゲージの場合は、拭き取ったウエスの色を見よう。上の写真のように黒ずんでいたらNG。

方式ごとの違いに注意!

ウェットサンプ
一般的な4スト車の潤滑方式はウェットサンプ。機関内部に回ったオイルが落ちてくるのを待つ必要があるため、エンジン停止後、5分以上たってから量を確認しよう。

ドライサンプ
オイルを圧送するドライサンプの場合は、エンジンを停止したらすぐに量を確認。時間がたつと少ない量が表示されてしまう。SRなどがこの方式を採用している。

2スト
2スト車の場合、その構造ゆえ、常にオイルが減っていく。そのため交換ではなく、必要に応じて継ぎ足していく形だ。残量をこまめにチェックして、不足しないように注意。

タイヤ 点検の目安 | 1000kmまたは1ヶ月ごと

①溝の残量を確認する

溝が減ってきた場合はスリップサインを確認しましょう。タイヤの側面には△マークが書かれています。この延長線上に、凸形に盛り上がった部分があるはず。これがスリップサイン。この凸とタイヤの表面が同じ高さになったら交換が必要です。溝が少ないと排水性が落ち、濡れた路面で滑りやすくなって非常に危険です。

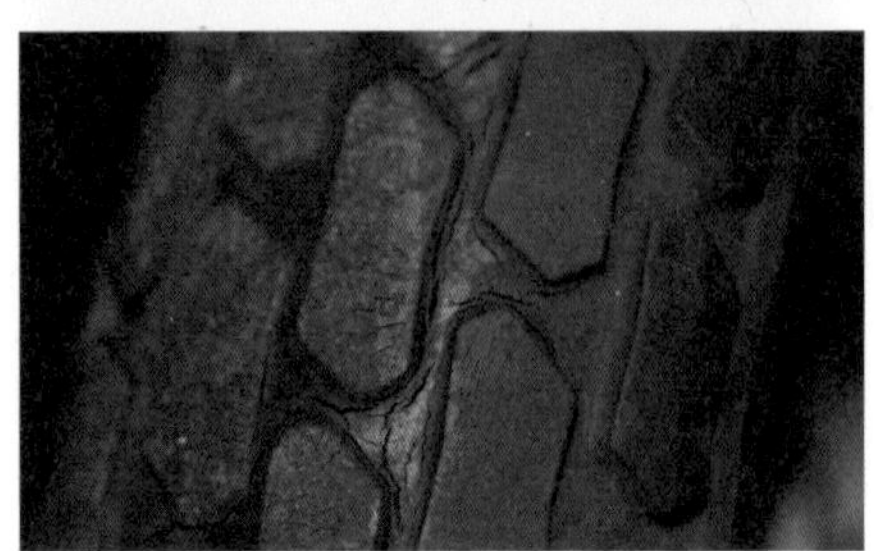

②ゴムの劣化を確認する

ゴムが劣化していると、たとえ溝が十分に残っていても、しっかりグリップしてくれず制動距離が伸びたりします。特に雨天では、ブレーキを掛けると簡単にロックして滑ります。それが前輪なら即転倒です。

劣化の分かりやすい兆候は、硬化による表面のひび割れ。特にゴムの薄い側面にひびが入っていたら、パンクの可能性がかなり高くなっています。左の写真のような状態は完全にアウト。すぐに交換してください。

③製造年月を確認する

そのタイヤが作られた時期って、実はタイヤに書かれているんですよ。側面を確認すると、アルファベットの後に4桁の数字が記載されているはず。これが製造時期を示す物で、基本的には後ろ2桁が年、前2桁が週を表しています。写真の場合は"2914"なので、14年の第29週、つまり2014年の6～7月頃に製造されたことが分かります。

タイヤの寿命は保管状態などでも変わりますが、おおむね製造から5年程度と言われているので、そのくらいを目安にしましょう。判断に迷うようなら、バイク屋さんに相談してください。

スリップサインとは何か: バイクのタイヤ

◀製造年が読めるようになると便利。お店でタイヤを買うときに、なるべく新しい物を選ぶ、なんていうことも可能だ。

冷却系統 点検の目安 20000kmまたは2年ごと

①液量・液漏れを確認する

これは当然ながら水冷エンジンのみの項目ですが、冷却系統を気にする人って少ないです。ここも大事なので、しっかりチェックして欲しいところです。

まずはクーラント液の量から。ラジエーターのリザーバータンクを目視し、アッパーラインとロウアーラインの間に液面があるかを確認してください。足りない場合は、必ず車両に適合したクーラント液を入れましょう。水道水のみを入れると内部腐食の原因になります。

次に液が漏れていないかの確認。停車した状態からアイドリングで放置し、ラジエーターのファンが回り出すのを待ちます。稼働し始めたら、冷却機関周辺を中心に、液体が垂れていないかをチェック。見つけたらその出所を探しましょう。ラジエーターや冷却水のリザーバータンクにつながっているホースからであれば対処が必要なので、お店で見てもらいましょう。

チェックには別のやり方もあります。下のQRコードから見られますので、視聴してみてください。

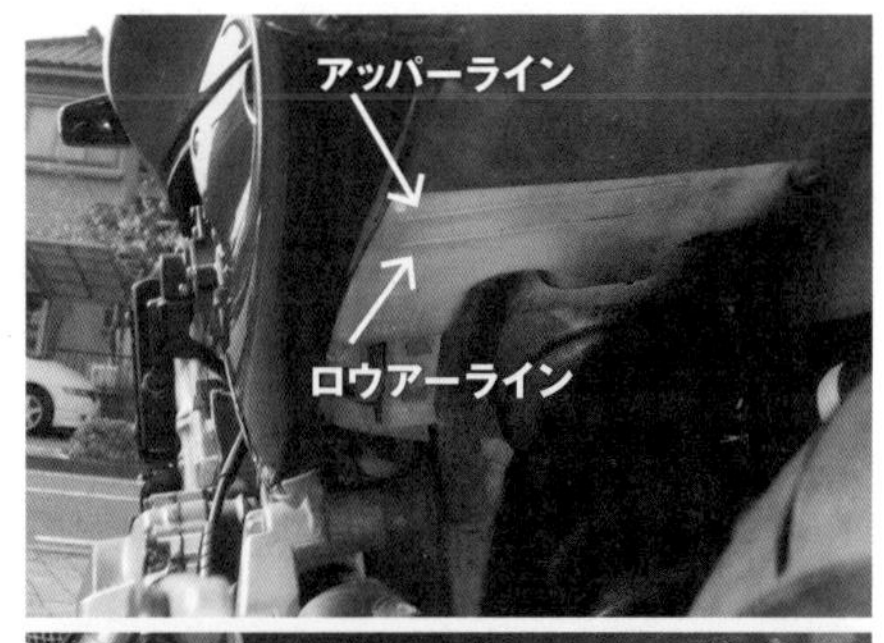

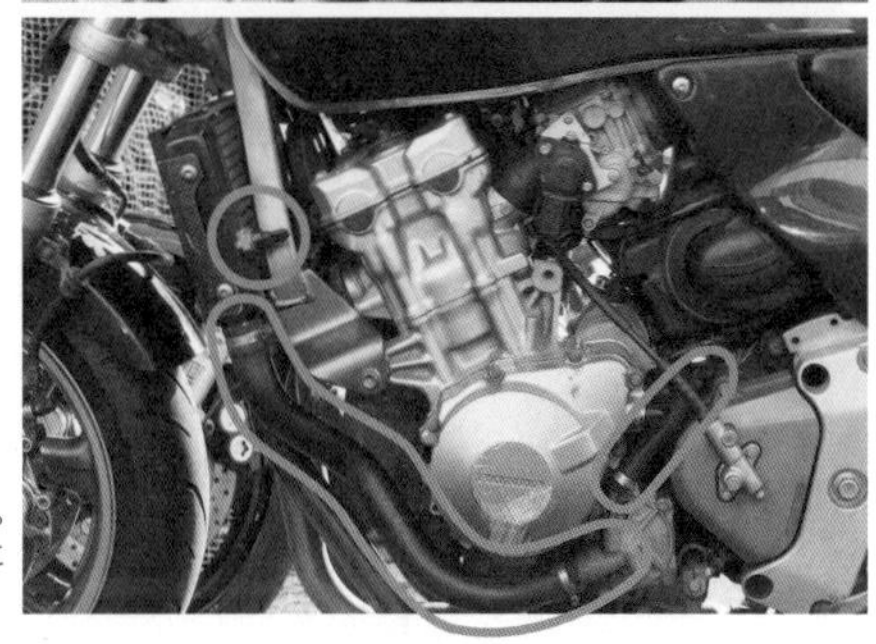

▶この車両の場合、枠の付近をチェック。リザーバータンクやラジエーターコアにつながる部品をたどっていこう。

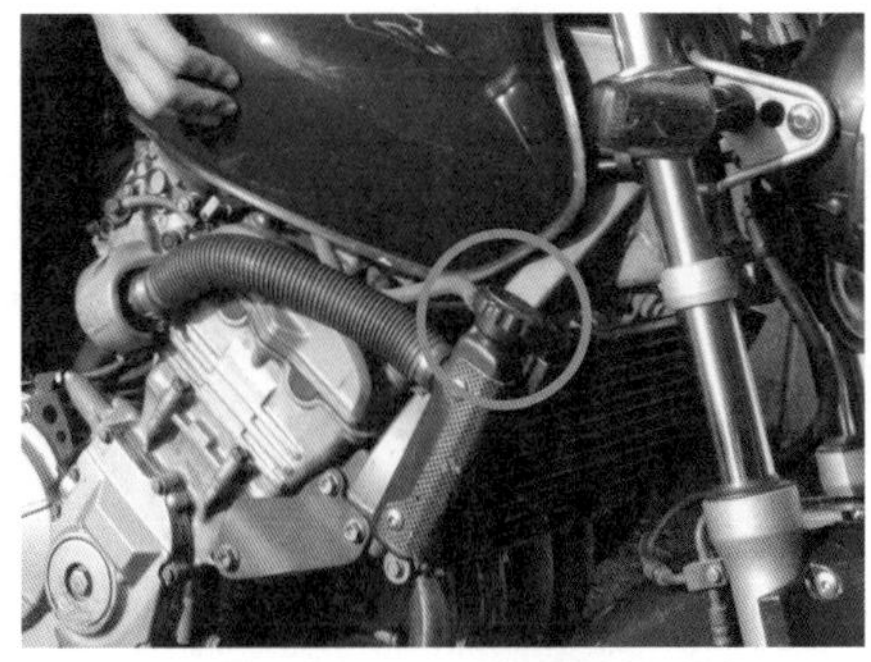

検索

最も簡単にできる冷却系統の点検方法：ホーネット

検索

バイクを劣化させない方法「冷却水・ラジエター・ラジエターキャップ編」

②キャップを確認する

特に漏れている様子もないのに、やたらとクーラントが減る。あふれていたり減り過ぎていたり、液量が安定していない。そんな場合は、ラジエーターキャップの劣化が疑われます。取り外して確認しましょう。ただし、停車後間もない状態だと熱湯が噴き出す可能性があるので、車体が十分冷えてから。これはクーラント液を補充するときも一緒です。外したプレッシャーバルブのゴムに、ひび割れや伸びが見られたら要交換。高い物ではないので、5～10年に1度は必ず交換したいですね。中古車を購入した場合は、メンテナンスされていなかった可能性も高いので、納車されたらすぐ確認しましょう。以降は上記の目安で点検すればOKです。

◀キャップは左上の写真あたりに付いている。外してみてこんなふうなら、役割を果たせていないだろう。

メンテナンス編

知っておきたい洗車とお手入れの方法

愛車をキレイにするための洗車だけど
……そのやり方だと、逆に傷がつくことも？
手軽にできてトラブル予防にもなる洗車術を学ぼう！

洗車は基本にして重要なメンテナンス

整備やメンテってよく分からないし、あんまり興味がない……という人でも、洗車は意識したことがあるんじゃないでしょうか。ツーリングで遠くまで走るのも楽しいけれど、その汚れを洗い流し、ピカピカになった愛車を眺める休日も、同じくらい楽しいものです。

それに洗車って、メンテナンスの大事な一環でもあるんですよ。駐車場に止めた愛車を「ふふ、かっこいいな」って眺めることはあっても、細かいところまでじっくり見ることは少ないもの。でも洗うときは、自然とそうした部分まで見るでしょう？メンテナンスはいつもと違うところがないかチェックし、トラブルやその予兆を発見するのが第一歩。その点で洗車は最適なんです。

このチェック、洗いながらでもいいんですが、水を掛けてしまうと液漏れなどが分かりづらくなるので、ベストなのは始める前。「ここが特に汚れてるから、今日は足回りを重点的に洗おう」なんていうふうに計画を立てつつ、異常がないかも一緒に見てください。

普段からこまめに洗う習慣がついていると、汚れがバイクに与えるダメージを軽減できるし、しつこい汚れも少なくなって、作業が短時間ですみます。そして異常にも気づきやすくなる。無理をしてまでやる必要はないけど、コンディションを保つにはもってこいです。

実際の洗車方法は次のページから解説しますが、その前に注意点をいくつか紹介しておきましょう。

まず気をつけて欲しいのは、いきなりスポンジを使ったり、濡れタオルで拭いたりしないこと。知らずにやってしまう人が多いんですけど、これをやると、磨くことでできる傷、いわゆる「磨き傷」がついてしまいます。それについては水洗いの項目で説明しましょう。

傷という点では、洗車以前の段階で気をつけたい部分もあります。バイクには、自分で傷つけてしまいやすい箇所があるんです。例えば鍵穴の周辺。これは入れ損なった鍵の先端や、鍵に付けたキーホルダーでこすりやすい。ガソリンタンクの上部は上着のファスナーが、ステップ周辺は靴の金具が当たって傷がついたりします。自分の体が接触しやすい部分は同様の危険性が高いので、なるべく傷をつけたくない人は、普段から注意を払うのがいいでしょう。

今回紹介するのは、チェーン清掃、シャンプー、ワックス、錆落とし、コンパウンドのやり方です。基本は最初の3つで、錆落としとコンパウンドは必要なときだけでOKです。

作業の順番としては、最初に強い汚れを落とすのが効率的。洗車の後にチェーンを清掃すると、洗った部分に油が跳ねたりしますから。なので上記を全て行う場合は、チェーンの清掃→錆落とし→洗車→コンパウンド→ワックス→チェーンの注油、という順番がいいでしょう。

作業の中でウエスという単語が頻出しますが、これはメンテナンス用のペーパータオルのこと。だけど100均のキッチンペーパーでもまったく問題ありませんので、好きな方を使ってください。

チェーン	キレイにすれば走りも軽やかに!

①汚れを落とす

まずは古いチェーンオイルと、そこに付着した汚れを落とします。チェーンクリーナーを満遍なく吹きかけたら、上下左右の４面全てを、ブラシで擦りましょう。専用のコの字型になったブラシがあると、一度に３面を磨けて効率的です。ちなみにブラシは強く押しつけず、優しく細かく動かすのがコツ。力を入れると毛先が寝てしまって逆効果です。

汚れが落ちたら、ウエスでチェーンを拭き上げます。センタースタンドがない場合、見えている部分の作業が終わったらバイクを少し押し、またクリーナーを吹きかけて擦り……というのを、チェーンが一周するまで繰り返してください。ちょっと大変かもしれませんが、頑張ってください！

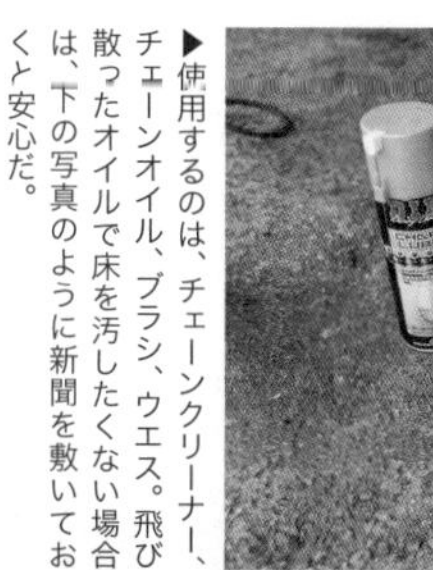

▶使用するのは、チェーンクリーナー、チェーンオイル、ブラシ、ウエス。飛び散ったオイルで床を汚したくない場合は、下の写真のように新聞を敷いておくと安心だ。

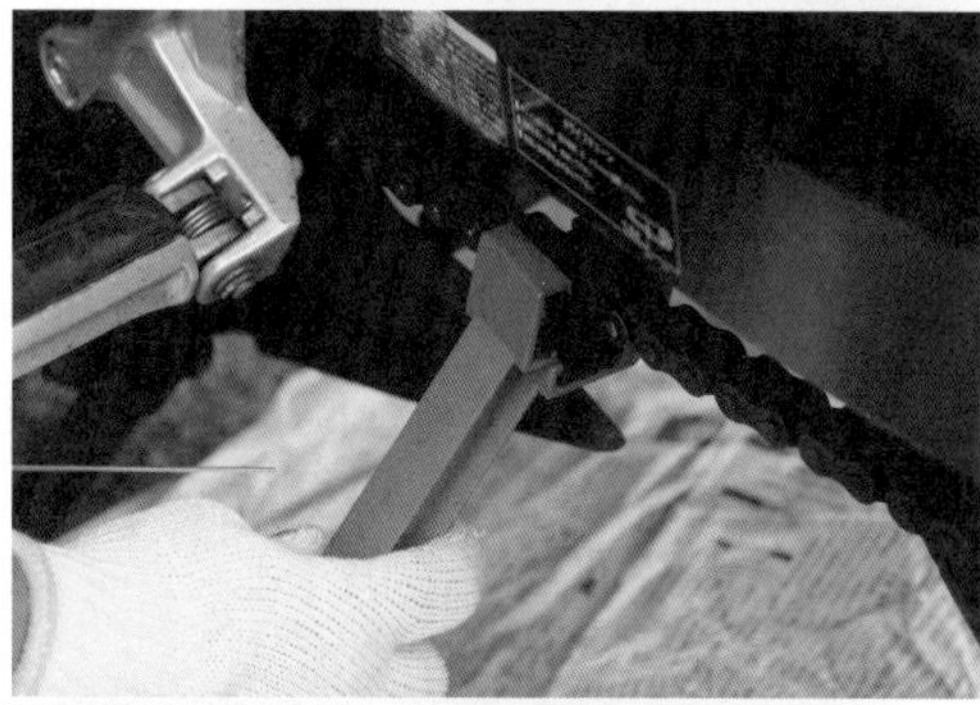

②必ず注油を!

汚れが落ちたら新しいオイルをさします。一般的なバイクはシールチェーンという物を使っているので、それに対応したオイルを使ってください。吹きかけるのは、ジョイントの部分にあるシールと、中央のコマ。ちなみにコマは回転するので、一生懸命全面に塗布しなくても、走っているうちに行き渡るからご安心を。オイルはごく少量でかまいません。全部終わったら、軽くウエスで拭きましょう。多すぎると、余分なオイルが飛び散ったり、ドライブスプロケット周辺に溜まったりしちゃいます。

チェーン全体に塗布できたら作業は終了。新しいオイルで回転が軽くなり、なめらかな乗り味になっているはずです。

チェーンの洗浄方法と絶対にやってはいけない事：バイク洗車

油をさすのはこの部分!

◀オイルは丸で囲んだシールとコマの部分に吹き付けよう。このとき、シールの脱落やひび割れ、スプロケットの摩耗もチェックしたい。汚れを落としているので、普段よりも確認しやすいはずだ。

車体の洗車

水洗いしてからシャンプーを

①水で砂を落とす

それではバイクを洗っていきましょう。でも、最初は水洗いから。車体には細かな砂やホコリが付着しています。これを落とさずにスポンジを使ってしまうと、車体を砂で擦ることになり、先ほど書いた磨き傷がついてしまいます。それを避けるためにも、しっかり洗い流しておきましょう。

このとき注意して欲しいのは、水を掛ける方向。バイクは雨を想定して防水が施されているので、上や前から掛けてください。後ろや真横はできるだけ避けましょう。ただしホイールやタイヤハウスは、水しぶきが飛び散る想定がされているので、どの方向からでも構いません。

近距離から当てて水圧で流しつつ、手で撫でるように洗うと、砂が落ちているかが手触りで分かりますよ。かわいいかわいい自分の愛車ですから、全身をくまなく撫で回してあげてください。

◀車体側面を流すときは、このように斜め前方から水を当てよう。真横からでも即壊れることはないだろうが、念には念を入れて、できる限り雨が当たる方向をキープしたい。

虫はすぐに落とそう!

右の写真、指さしている部分に虫の死骸が張り付いています。水で流しても落ちないんですよね、これ。スポンジでも落ちない。だから水洗いの途中で見つけたら、爪で擦って落としてください。シャンプーのときだと、泡で発見しづらくなります。

虫の死骸は跡が残るし塗装は痛めるしで、ろくなことがありません。着いてしまったら、数日以内に絶対落としてください。

検索

バイクで水をかけて良い部分と悪い部分：シャンプーをしてもいい部分

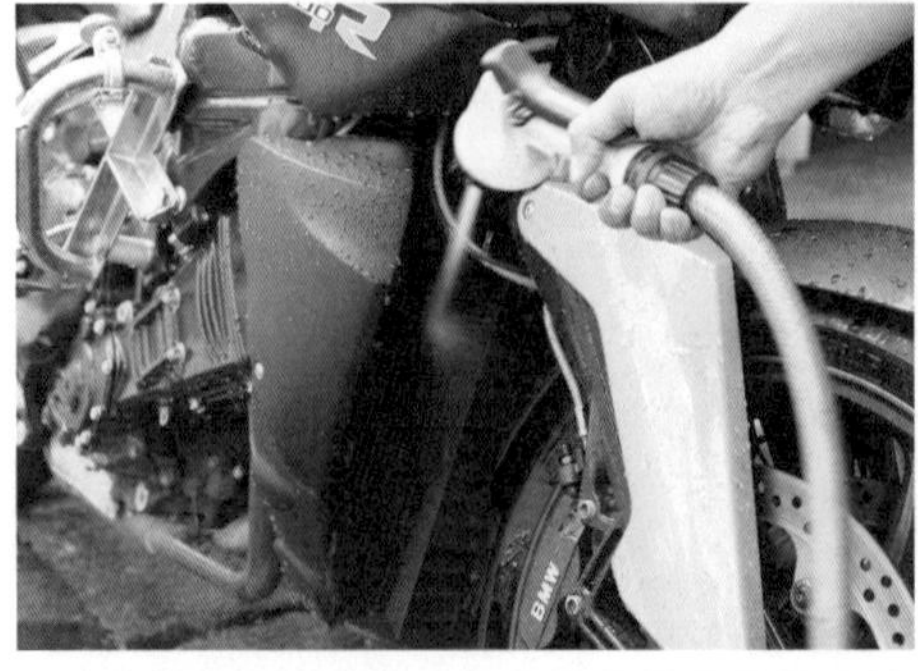

◀虫が着きやすいといえば、水冷車のラジエーターコア。細かい編み目にめり込んでいるのをよく見るんじゃないでしょうか。ここは意外と水を強く当てても大丈夫なので、水圧で押し流しましょう。

シャンプーの前にスポンジの準備を

シャンプーで使用するスポンジに前回洗車時の砂が残っていると、そのせいで磨き傷ができてしまいます。なので丁寧にすすぐのはもちろん、上方の汚れが弱いゾーンと下方の強いゾーンとで、使うスポンジを分けておくと良いです。次回もそれぞれの場所に同じスポンジを使えば、傷がつく可能性を減らせます。

②シャンプーで車体を洗う

最近はスプレータイプの洗剤を使っているので、まずは車体に満遍なく吹きかけます。そしてスポンジで擦りますが、最初は優しく行きましょう。これ重要です。流し残した砂があっても傷つけずに済みます。また、洗うのは上方のパーツからにしてください。先に下を洗うと、強い汚れをスポンジで上に持ってくることになるし、スポンジを取り換えたとしても、上からまた汚れが落ちてきちゃいます。

ある程度洗ったら、水で流してしまいましょう。汚れが残っている場所は、このときに変な水の流れ方をします。そういうところはもう一度洗ってあげましょう。

直接的な汚れ以外で洗車をするタイミングですが、雨に濡れたり海沿いを走った後は、時間が空きすぎないうち、できれば翌日くらいに、水洗いだけでもいいからやって欲しいです。やっぱり雨水や塩がそのままというのは、バイクにとって良くないんですよ。

▲スポンジは力任せにゴシゴシしてはだめ。優しく丁寧に動かしてやろう。それで落ちない汚れは、強くしてもやっぱり落ちないものなのだ。

▶使用しているシャンプーはシュアラスターの製品。汚れ落ちはもちろん、スプレー式なので泡立てる手間がなくて便利。こうした省エネを積み重ねると洗車が簡単になって、気軽にできるようになる。

電子機器には注意

バイクに元々着いているパーツは防水がしっかりしているので、気にせず洗って問題ありません。ただ、最近はタブレットのようなメーターパネルもあります。大丈夫だとは思うんですが、あまりにも電子機器だなという物は、水圧を弱めにするなどの注意をすると安心です。USB電源やカメラなど、後から着けた社外品はさらに注意。防水性が各社まちまちなので、慎重に行きましょう。

◀一般的なメーターは普通に洗ってOK。ドラレコなどの社外品は要注意。特に安価な中華製の物は、防水機能が長持ちしないことも多い。

◀ホイール周りは案外入り組んでいたりする。その場に適した形状のブラシやスポンジが選べると、作業も楽でスピーディー。100均の物でいいので、欲しいサイズを揃えていくといいだろう。

③ホイールを洗う

ホイールを洗うときは、自動車用のタイヤブラシがオススメ。僕は毛足の柔らかい物が気に入っています。これは使い勝手がよくて、車体の腹回りを洗うのにも便利です。

洗い方は、先ほどと同じようにシャンプーを塗布して擦る。力加減は、これも優しくて細かな動き。バイクをメンテナンスするときはそれが基本だと思ってください。

ホイールの入り組んだ部分用に、より小さなブラシやスポンジも用意しておくといいでしょう。これは他の場所用のスポンジでも同じですが、サイズは豊富なほど便利。形状や柄の有無など、種類もあるとなお良しです。

ちなみにこういうブラシを使うのは、ホイールのような頑丈な部分や、腹回り（車体の底部）のような目立たなかったりする部分にしておいて、その他はスポンジを使うのがいいです。両者を比べたら、やっぱりブラシの方が傷にはなりやすいです。

頑固な汚れはブルーパールで

足回りと呼ばれるタイヤ周辺は、チェーンオイルやブレーキダスト、路面の油に砂やホコリと、汚れる要素に事欠きません。そういう物がこびりついてシャンプーでは対処できないときは、僕の動画でもおなじみのブルーパールがオススメ。使い方は簡単で、水洗いをした後、塗布したウエスで磨いて、最後に奇麗なウエスで拭き上げるだけ。他の部分にも使えるし、艶出しなどの効果もあるので、1本持っておくと便利です。

▼丸で囲んだところがブルーパールで磨いた箇所。しっかり奇麗になっている。ホイールは頑丈なので、水洗いを飛ばして直接磨いても大丈夫だ。

④拭き上げて完了!

シャンプーをしっかり流したら、最後は水を拭き取ります。このときは吸水力の高いセームタオルが便利。ただしセームはある程度濡れていないと水を吸わないので、一度濡らして絞ってから使ってください。

ワックス

ピカピカの艶でリフレッシュ

①ワックスを塗布して拭き上げる

シャンプーだけで終わりにするよりは、やっぱりワックスもした方がいいですね。艶が出て見た目が良くなるだけでなく、保護効果で奇麗な状態が長持ちします。

僕が使っているのは、シュアラスターのゼロフィニッシュ。スプレーで吹き付けるタイプの液体ワックスで、汚れ落としやガラスコーティングの効果もあります。これはとにかくい使いやすい。一度塗って乾くのを待って……ってやらなくていいんですよ。スプレーしてそのまま塗り広げ、奇麗なクロスで拭き上げれば完了です。しかも塗装部だけじゃなく、梨地やプラスチックにも使える。こういうところは固型ワックスだと、粉を吹いちゃうから使えないんですよ。

さて、ここまでで基本の洗車は終了です。汚れを落として仕上げまで終わった愛車は、きっとツヤツヤのピカピカになっていることでしょう。お疲れ様でした！

▶黒い梨地のカウルの艶、ホイールの水弾きなど、ワックスを掛けると奇麗さがグッと上がる。入り組んだ場所をに塗るときは、クロスに吹き付けてから塗っていこう。

輝きが増すだけでなく
汚れも防いでくれる

錆落とし

気になる錆は早めに落とそう

①クレンザーで磨く

ここからは、必要に応じて行う項目です。まずはちょっとした錆の落とし方から。錆は進行性なので、見つけた段階で落として広がるのを防ぎましょう。それにはクレンザーを使うのが一番お手軽。例として、ディスクローターでやってみます。これまでと一緒で、落としたい部分にクレンザーを垂らしたら、ブラシで優しく擦るだけ。これでかなり落ちます。ボルトヘッドの錆は非常に落ちづらいのですが、これがどうしても気になるという人は、労力が掛かる上に再度錆びるので、ボルト自体を交換してしまう方が賢明でしょう。

金属部はどこもクレンザーでいけるんですが、表面を削っていく洗い方なので、失敗したら困るような場所を作業する際は、目立たないところで試してからが安全です。

ちなみにアルミに浮いた錆は、クレンザーではあまり効果がありません。そちらには専用のコンパウンドを使ってください。

◀他の部分に比べて、クレンザーをした場所は明らかに金属の光沢が出ている。錆が広がる前の小さいうちに対処するのが大事だ。

▶試しにエキパイもやってみたが、1本だけ奇麗だとそれ以外が気になる。全部やると際限がないので、落とす範囲を考えてから手をつけよう。

どこまでやるかは自分次第

コンパウンド くすみや錆を磨いて落とす

①塗装面を磨くには

コンパウンドは、塗装面などの劣化によるくすみを、できるだけ回復させてあげるための工程。研磨剤入りの薬剤で磨くので、シャンプーで落ちなかった汚れを落とすこともできます。この薬剤ですが、炎天下だとすぐ乾燥してしまうため、曇りの日や日陰で作業するようにしてください。

それではまず塗装面から。オートソルのショールームポリッシャーを使っています。スポンジやウエスに取ってから、奇麗にしたい場所を磨きましょう。そしてくすみが取れてきたら、乾いたタオルで拭き上げる。この状態で終了すると水垢がすごいので、ワックスがけをお忘れなく。それと使えるのは塗装面だけです。艶消しの部分を磨くと、せっかくのマットな質感がツルツルになってしまいます。

最近のバイクは角張ったデザインが多いです。そういうところは力が掛かりやすいため、コンパウンドで擦ると簡単に削れ、色あせてしまいます。基本的に、角にはコンパウンドを使わない方がいいでしょう。注意してください。

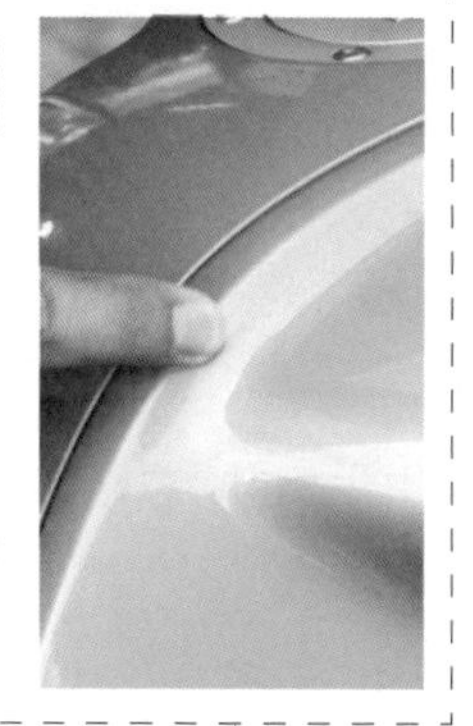

②アルミ部品を磨くには

アルミに浮いた白や黒のまだらな汚れってありますよね。あれ、実は錆です。しかもかなり頑固なので、しっかり落とすにはメタルコンパウンドをつけた布で、根気よく磨いてやるしかありません。頑張ると右の写真くらい奇麗になります。使用しているのは、オートソルのメタルポリッシュ。値段はちょっとお高めですけど、落ち具合はいいです。

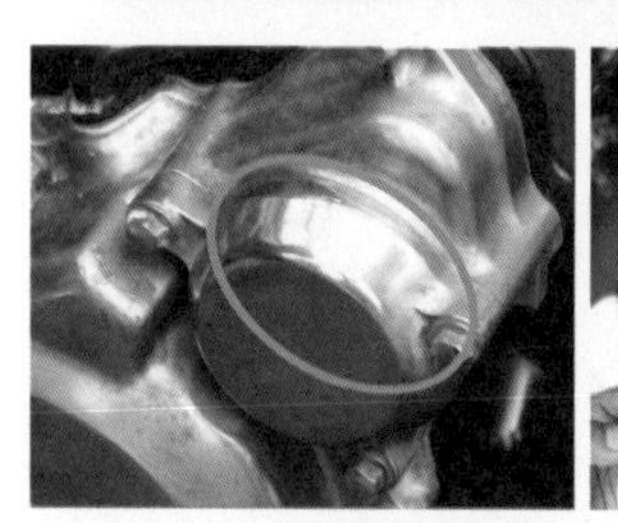

③メッキ部品を磨くには

最後はメッキ部分です。使っているのは、タナックスのピットギアシリーズ、メッキ・ステンレス用サビ取り剤。用品店でもおなじみのやつです。メッキ部分で分かりやすいのは、マフラーやフロントフォークの錆でしょう。このように、コンパウンドは素材によって専用の物を使わなければいけないので、違う素材用の物を買ってきたりしないように気をつけましょう。

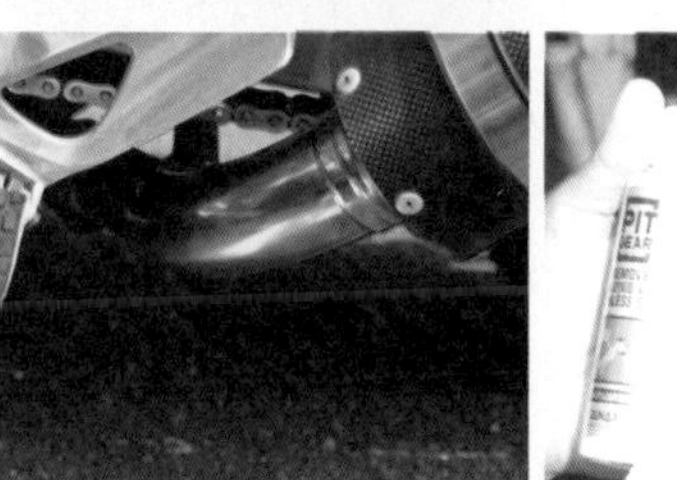

メンテナンス編

他にもあるぞ!
洗車の小技や注意点

**洗車には、知っておいて損はないことがまだまだある。
ここでは、その中からいくつかをご紹介。「これはダメなんだ」「こうすればいいのか」と、愛車の手入れに役立てて貰えれば幸いだ。**

ワイヤスポークは磨きすぎに注意

スポークホイールのキラキラした外観は非常に魅力的。あれを維持したいがため、洗車のときに頑張って1本1本磨き上げたりしていないでしょうか?

コンパウンドをつけたひもを巻き付けて擦るのがいいとか、さまざまな方法を耳にしますが、やめておいたほうがいいんですよ……。ワイヤスポークは亜鉛メッキの鉄なので、あんまり擦ると保護層が落ちて、錆びちゃうんですよ。特にコンパウンドやポリッシャーを使うと簡単にハゲる。

▲保護層を落としてしまうと、こんなふうに白くなってしまう。ほどほどの手入れを心がけよう。

だから、普通にシャンプーをして、から拭きをするくらいにとどめた方がいいです。一回保護層が剥がれてしまうと戻ることはないので、やり過ぎにはくれぐれもご注意ください。

パーツクリーナーで汚れ落とし?

これはこれは僕がバイク屋になる前の失敗談です。スイングアームは、チェーンオイルが飛び散るじゃないですか。「チェーンオイルなんだから、パーツクリーナーを使えば落ちやすくなるだろう」と思い、布につけてこすってみたら、油は落ちたんですが塗装が曇っちゃって。パーツクリーナーは、いずれの外装や塗装部の汚れ落としに使っちゃ絶対ダメってことを学びました。同じようにチェーンクリーナーもダメ。ここ大丈夫かな……という場所に使用する場合は、目立たないところで試してからにしてください。

じゃあそういった油やオイルの汚れは、どうやって落としたらいいのか。これはスチーマーを使うのが一番いいと思います。通販なんかであるじゃないですか、蒸気を噴き出してお風呂場とかを洗うやつ。

あれを使うと、熱で汚れを溶かして、同時に流していけるんですよね。それで流せる物は流しちゃう。スチーマーがない場合は、お湯を掛けて代用しましょう。

そうしたら次は、固めのスポンジでシャンプーをする。アルミのスイングアームみたいに塗装をしていないところだったら、最初からクレンザーでもいいと思います。金属でも塗装がしてあるところであれば、エンジンオイルを使いましょう。布につけて拭くと、チェーンオイルが落とせます。最後にシャンプーをして、エンジンオイルをしっかり洗い直してください。

スクリーンの曇りはどうやって解決する?

カウルのスクリーンって、走行中に傷がついたり、洗車で磨いたりしていると、だんだんくすんできて白くなっちゃう。あれを奇麗にする方法を質問されたので考えてみたんですけど、結論としては「買い換える」になりました。

研磨するとかやりようはあるでしょうけど、そのための用品やケミカルを揃えるお金、作業する時間や労力を考えると、買った方が早いと思うんです。純正パーツだとちょっと値段が張るかもだけど、社外品なら安いじゃないですか。新品って気分も良くなるし、悪くない解決方法なんじゃないかなと。

ヘルメットのシールドも同様ですね。こちらは安全に直接関わってくるので、長くても2年で交換。見づらさを感じたら、迷わず買い換えるのをお勧めします。

透明で奇麗な状態をできるだけ維持するにはどうすればいいか、という話になると……掃除のときに強い力で擦らないというくらいかもしれません。なるべく柔らかい布を使って優しく拭く。もちろん磨き傷ができないように、シールドも布も砂がない状態にしてからですね。あとは、駐車場ではカバーを掛けてなるべく紫外線を当てないとか、保管に気をつける感じでしょう。

ステッカーの剥がし方

これは困っている人が多そう。自分で貼ったけど気分が変わったとか、買った中古車に貼られていたのを剥がしたいとか。

ステッカーの糊は、熱を与えると柔らかくなります。なので、これもスチーマーがあると便利。蒸気で糊を浮かせ、浮いたところをスクレーパーでこそぐ。このとき、必ずゴムやプラスチックのスクレーパーを使ってください。金属製はダメ。あれを使っていいのはガラス面だけです。

爪で擦るのも、ケガをする可能性が高いからNG。スクレーパーがない場合は、割り箸の角とかで代用しましょう。スチーマーは、ドライヤーで代用できます。

コツは、温めたらすぐに擦ること。けっこう早く冷めちゃうので、その前にゴリゴリっとやって、また温めてを繰り返しましょう。カチカチに固くなっていたステッカーも、大体これで落ちます。

最後はシリコンオフを塗布したクロスで拭き、残った糊を除去します。こういうときに、似たような物だからってパーツクリーナーを使っちゃうと、艶がなくなるので注意してください。

もっと専門的な道具になると、電動ドリルに装着して使う、ステッカー剥がし用のゴムホイールもあります。これはさすがにすごいですよ。純正デカールみたいに強力な粘着力の物でもバリバリとはがれます。

◀スチーマーから噴き出す蒸気は勢いがあるため、これだけでもけっこう剥がれていく。頑固な部分は温めと擦りを繰り返し、根気よく処理していこう。

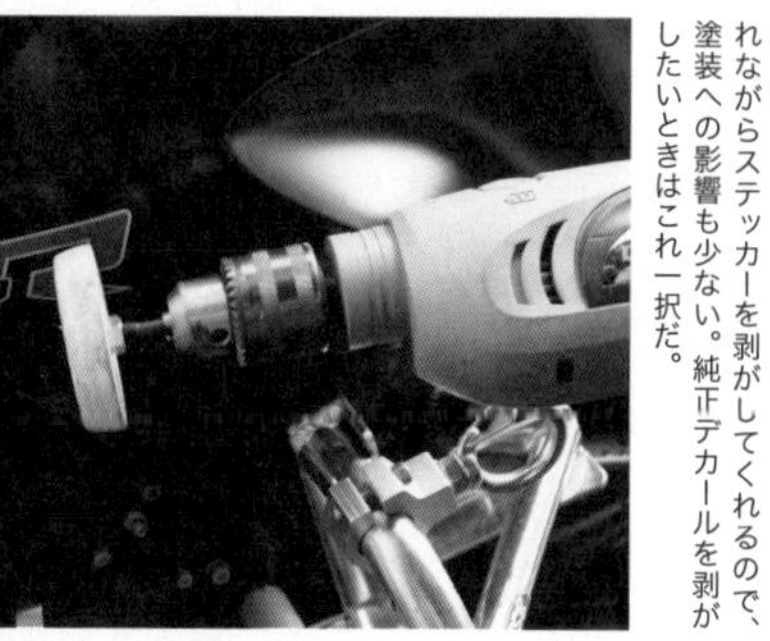

◀これがゴムホイール。消しゴムのように削れながらステッカーを剥がしてくれるので、塗装への影響も少ない。純正デカールを剥がしたいときはこれ一択だ。

維持にまつわるよもやま話

バイクライフを送っていると「高いオイルって性能がいいの?」「パーツを交換すると性能が上がるの?」なんて思うもの。そんな疑問にお答えします。

Q. オイル交換を自分でやってみたんですけど、古いオイルはどうやって処分すればいいの?

A. 本格的にいじるほどじゃないけど、オイル交換くらいはやってみたい、もしくはやっているという人は、結構多いかもしれません。そのときに困るのが、処分の方法かもしれません。

よく知られているのは、吸収剤の入った処理パックに入れて、家庭ゴミで出す方法。もちろんそれでも構わないんですけど、実はそれ以外にも方法はあるんです。

そもそも廃油って、業者が買い取ってくれるんです。バッテリーも、買い取ってくれる産廃屋さんは多い。だから普段お世話になっているバイク屋さんやガソリンスタンドに「廃オイルとか廃バッテリーって、引き取ってもらえますか?」と聞いてみると、案外喜ばれるかもしれません。うちの店でも溜まった廃バッテリーをまとめて産廃に出していますが、その他のゴミの処分費用の足しになるので助かっています。

大手バイク用品店も、引き取ってくれるところは多いです。ただし「新品を購入したら廃バッテリーを引き取る」などの条件が付く場合もありますから、その点はホームページなどを見て確認してください。

それ以外のパーツ、例えばホイールみたいなアルミパーツは、それこそ産廃屋さんや地金屋さんが買い取りをしていますね。バイクパーツに使われてるアルミは品質がいいので、悪くない値段になったりします。

まだ使えそうなパーツであれば、メルカリみたいなところに出品するのも人助けになると思います。特にマイナーなバイクに乗っている人はパーツを探すのに苦労しているだろうから、出品されていたらありがたい限りでしょう。

廃タイヤみたいに買い手がつかなさそうなパーツは、清掃センターのような処分場に持ち込むのが確実な方法でしょう。公共施設なので、引き取れる物、できないものの線引きがホームページに掲示されていますし、料金もしっかり書かれていると思います。それでもダメなら、地元の産廃業者ですね。ある程度の市街地なら、必ず何件かはあると思います。タイヤ1本5000円が相場です。

こうしたゴミの持ち込みってお金が掛かるイメージがあるかもしれませんが、個人レベルのゴミなら、車いっぱいに乗せていってもちゃんと分別してあれば1000~2000円程度で済むと思います。自治体にもよりますが、僕の経験上はそのくらいです。家電とかの廃棄はやたら高額ですけど、それ以外のゴミは案外掛からないんです。

Q. オイルって、安い物から高い物までいろいろありますよね。あれは何が違うんですか?

A. 安いオイルを入れて短い距離で交換するのがいいか、高いオイルを入れて規定の距離で交換するのがいいかというのは、昔からライダーの間でよく話題に上りますね。僕も昔は、安いオイルを短いスパンで換えた方がいいのかなと思っていたんですが、オイル屋さんの話を聞いたら間違いだと分かりました。

そもそもの話をすると、オイルの

原材料自体はどれも同じらしいんです。ただ、そこに配合していく成分によって、性能や値段が変わってくるんだそうです。だから保護効果の高い成分を入れると、必然的に値段も上がってしまうんです。

じゃあ安いオイルはというと、値段なりの成分しか入っておらず、最初から性能が低い。つまりスタートラインが違うので、こまめに交換してもエンジンへのダメージが蓄積されてしまうのだとか。こうなると、迷うことなく高いオイルを選ぶべきでしょう。

それでは、どれくらいの値段ならいいのか？　これは僕の感覚ですが、エルフやカストロールのように名の知れたメーカーだったら、リッター1500円以上かな。有名ブランドだから安いやつでも大丈夫、というわけではないので、その点には注意してください。

オイルを変えた効果としては「ギアが気持ちよく入るようになった」とかがよく言われます。それももちろんだし、加速するときの滑らかさが全然違います。やっぱりフィーリングがいいです。

今の人たちの乗り方は、壊れるまで使って直すのではなく、できるだけ良好な状態を維持する方向になっていると感じます。その点で、性能に直結するオイルを高性能にするのは正解です。仮に3000㎞で交換するにしても、普通の人は1年近く掛かるでしょうから、それならいいやつを入れようぜって僕は思います。

Q. **バッテリーって、3000円くらいの物から2万円くらいする物まで、値段の幅がかなりあります。あれは何か違いがあるの？**

A. これは、あると言えばあるし、ないと言えばないんですよ。運要素といったところでしょうか。

安い物というのは、あまり名前を聞いたことがない海外メーカーが多いですよ。そういう製品は、箱を開けた瞬間に「あ、ダメだ」っていうのが、何個かに1個入ってます。現在の主流であるMFバッテリーは完全に密閉されていないといけないんですが、最初からターミナルのところに粉が吹いていたり、ケースのつぎめにすきまがあったり。感覚としては、5個に1個くらいの割合。結構高い確率です。

これがある程度名前が知れた中堅どころのメーカーになると、10個に1個くらいに減る。では国内で売っている、有名メーカーの2万円バッテリーは何が違うのかというと、ハズレの確率がさらに減るというのもあるし、PL法などの法律面や保証面をクリアするための、いわゆるコンプライアンス的なコストが価格に跳ね返っているというのもあります。そうした部分まで含めたクオリティーは、さすがに高いだけあるなという感じです。

ただ、10年前と比べたら、外国製のバッテリーもかなり質が良くなっています。ハズレの率こそ高い物の、そこをクリアしちゃえば、国産の高価な物と大差なく使用できてしまうのも事実。だから個人的な意見を言うならば、高いバッテリーを購入するメリットは、今の時代はあまりないかもしれません。だって同じ2万円でも、3000円の物なら6個買えるわけでしょう。仮に、2万円のバッテリーは3年使えて、安物は1年でダメになったとする。でも合計したら、安物の方がお金は掛からなかった……ということになっちゃいますから。

まぁ、だからって本当に知らないメーカーは不安もあるので、「安価な物も販売しているけれど、それなりに知名度があるような会社」の製品が狙い目だと思います。プロセレクト、台湾ユアサや、ボッシュといったあたりです。分からない場合はWEBのレビューや口コミを読み込んでいけば、どのメーカーが一目置かれているのかが、なんとなく分かってくると思います。

最近はバイク用品でおなじみのデイトナなんかも、自社ブランドで安価なバッテリーを出しています。こういう商社的なブランドや、商社系通販サイトのオリジナル製品は、無名の物より安心感はあります。自社で1から開発とはいかないまでも、クレームが入らないように、それなりのブランドのOEM製品を使っていたりするんです。無名ブランドとの価格差も1000～2000円程度だから、このへんでもう十分なんじゃないかと思います。

後は保証期間の確認がポイント。安価な物はやっぱり期間が短めですけど、とりあえずそれで初期不良を回避できればよし、というところでしょう。1年くらい保証期間が付いている場合もあるので、そういうのは悪くないんじゃないでしょうか。ただし「1年あるけど新品未開封に限る」なんていう馬鹿げた規定の場合もあるので、保証内容はしっかり確認してください。

実際に使ってみて、1ヶ月間何事もなかったら、たぶん大丈夫じゃないかと。それでダメだったら、保証で交換してもらいましょう。

Q. 台風のときって、バイクカバーを掛けない方がいいと聞きました。でも、雨ざらしにはしない方がいいんですよね？　どうすればいいんでしょう……。

A. これはおっしゃるとおりで、雨ざらしにしたくないですよね。心情的にも、物理的な面でも。なぜこういうことが言われるのかといえば、バイクが倒れる可能性があるからなんです。今のカバーは底の部分をバックルで留めたり、チェーンロックを通したりして、飛んでいかないようになっているじゃないですか。でも風が強いと、吹き込んだ風がカバーの中で巻き上げられて、バイクを動かしちゃうんです。運悪く斜め前方に力が加わると、サイドスタンドが外れて倒れることもあるんです。実際、この本のスタッフさんも被害に遭ったそうです。

これを避けるには、風をはらまないように縛ること。自転車の荷台用のゴムロープあたりを100均で何本か買ってきて、カバーの上からグルグル巻きましょう。そうすれば隙間がなくなって、あおられる可能性は激減します。軽量なほど影響を受けやすいので、小排気量車に乗っている人は注意してください。

Q. タイヤって、ラジアルとバイアスの2種類があると聞きました。これは何が違うんですか？

A. 簡単に言うと、内部にあるワイヤーの目の方向性が違う……んですけど、そういうことが聞きたいんじゃないと思いますので、それは置いておきましょう。

一般的には、ラジアルの方が走行性能がいいと言われています。価格も高めです。ただバイアスの性能も上がっているので、一概にラジアルの方が高性能という感じでもなくなっています。昔はレーシーなモデルは純正でラジアルという傾向がありましたけど、今はラジアルになっていることも多いです（これはコストの問題もあるんでしょうけれど）。タイヤメーカーのサイトでも、荒れた路面はバイアスの方が乗り心地がいい、なんて書かれていたりします。

とはいえ、安いタイヤからそれなりに高いタイヤへ履き替えると、路面からの振動が如実に変わるのも事実です。分かりやすく表現すると、安いタイヤはタイヤのわだちにハンドルをとられる感じ。これが高いタイヤになると、ほとんどハンドルをとられなくなる。感触としてははねないスーパーボールのような感じです。

こうした部分は、グルーピング加工された路面でも感じられます。タイヤが取られる気がして嫌だという人は、タイヤが安かったり古かったりすることが結構あります。高いのに換えると、それが嘘みたいに消えたりするんです。

あとは、ウェット性能も大きく変わる部分かな。高いタイヤはパターンによる排水性うんぬんの前に、コンパウンドの段階で水に強い気がします。僕は雨で滑った経験が何度もあるので、ウェットに強い製品は非常に頼もしいです。

こうした、純正以外を履く楽しみがあるというのは、頭の片隅に入れておいて欲しいです。交換の時期が来たけど、よく分からないから結局純正にしちゃった……なんてことも多いでしょうけど、タイヤが変わるだけで、乗り心地がガラリと変わることもあるんです。

ロードでもそうだし、アドベンチャーやオフ車はより顕著。別の項目でも書きましたが、不整地を走れるかどうかは、タイヤパターンがかなり影響します。履き替えることで、そのバイクが秘めていた実力が発揮されるのは非常に面白い。本当に世界観が変わります。「これならどこでも行ける！」っていう、あの翼が生えたような自由な感覚は、一度味わってもらいたいです。

本格的なオフタイヤは大変柔らかいので減りも早いですけど、公道走行可のトレールタイヤなら硬めにできているので、そんなにえげつない減り方はしないんで、年間5000㎞以上乗る人でなければ、そこまで気にするレベルではないです。

ただし「競技用タイヤが、公道でも性能がいいわけではない」というのは覚えておいてください。ロードの競技用タイヤなんて性能を発揮するためにはかなり高温にしないといけないので、公道レベルでは本来のグリップが発揮されず逆に危険だったりしますから。

いざタイヤを選ぼうとなったとき、自分のバイクに履けるかをどうやって判断すればいいかについては、まずホイールの〝インチ数〟を確認してください。これが同じでなければ履けません。次に〝タイヤ外径〟が同じかどうか。これが変わってしまうと、スピードメーターが正しい速度にならなかったり、電子制御デバイスが適切に作動しなかったりします。それから、ホイールの〝リム幅〟が、タイヤの標準リム幅～許容リム幅の間に収まっているかどうかですね。もうひとつ〝トレッド幅〟というのもありますが、これはスイングアームの幅が実質的な許容範囲なので、入るようなら問題ありません。

よく分からなかったら、バイク用品店で聞いてみるのが早いです。だいたい1人くらいタイヤマニアの店員さんがいて、めっちゃマニアックな物を薦めてきたりして楽しいですよ。思わず「じゃあそれにします」って言っちゃいますからね。ちなみにインチ数によって、選べるタイヤのバリエーションがガクッと減ることもあります。例えばオフ車はフロント21インチ・リア18インチが定番なので、このサイズはオフタイヤの種類が非常に豊富。でもトリッカーみたいにフロント19インチ・リア16インチっていう特殊な構成だと、選べるオフタイヤは数種類だけになります。これはロード用のタイヤでも同じなので、後々いろいろ換えて楽しみたいと考えている人は、バイクを選ぶときにインチ数も気にしてみるといいでしょう。

Q. **マフラーを交換してみたいんですが、音以外にも何かが変わるものなの？**

A. カスタムしてみたい人が一番多いのは、これでしょうね。マフラーについては、傾向が変わってきていて面白いです。

昔の車外品マフラーというのは、基本的に「速くするため」の物だったんです。低速を犠牲にする代わりに高回転域を強化し、速さを出すことが多かったです。そのために僕ら世代だと、マフラー交換ってそういうイメージだと思います。

でも今のマフラーはそんなことを意識していません。純正マフラーの弱点を克服するのが目的。パワーの谷を埋めていって、扱いやすく全回転域で気持ちよく回りますよ、というのが売りなんです。カスタムを考える人の気持ち自体も、速さうんぬんではなく、純正の音や見た目に飽きたというのが、動機の大半だと思います。

音についても、今は車検が厳しいこともあって、昔みたいな爆音の物は減りました。僕はやかましいバイクが大嫌いなので、いい傾向だと思います。昔は近接排気音と排気ガスをクリアすればOKでしたが、今は車検対応品であることを示すJMCAの書類がないと通らないって考えた方がいいです。マフラー自体にJMCAのプレートが貼ってあっても、書類がないと突き返されます。これは先述のEマークと同じ流れです。

だからマフラーを買うときは、JMCAの書類がちゃんと付いてくるか確認してください。なかったら買っちゃダメです。そして書類をきちんと保管しておいてください。

車検がない250以下も油断は禁物です。最近は音量の問題で警察に停められて、無料測定サービスをされてしまうことが結構あります。うるさいバイクがお目こぼしされる時代はもう終わりました。爆音マフラーの人は罰金を払うことになる前に、適正な物に交換しましょう。

メンテナンス編

盗難対策で バイクを守る

**SNSなどでも目にすることが多い盗難の話題。
ある意味、維持する上で最悪の敵とも言える。
被害にあう確率を少しでも下げるためには、どんな点に注意すべき!?**

見えなくした上で防犯の手を尽くす!

盗難の問題は考えるほど嫌になります。素人ならまだしも、プロの窃盗団相手だと、何をやっても解除されてしまうのが現実でしょう。

だからといって何もしなかったら、それこそ格好の的。窃盗犯のターゲットになる確率を少しでも下げられるよう、対策をしていきましょう。

僕が一番の基本だと思うのは、見えなくすることです。そこに高く売れそうなバイクがある、というのが分からなければ、そもそもターゲットにはなりません。その点で一番いいのは、自宅にシャッター付きガレージがあることなんですけど、なかなかそうはいきませんよ。

なので、とにかくカバーです。これは基本中の基本。そして自動車を持っているならその後ろに止めたりして、道路から見えなくしましょう。壁と車で挟んで物理的に動かしにくい状況になっていれば、より効果的です。道路から簡単にアクセスできるところに置いてあると、修理業者のふりをしてクレーン付きのトラックで乗り付け、荷台に乗せて持って行っちゃう、なんていう手口も。周囲の人がちょっと怪しいと感じても、「通報したほうがいいのかな?」って迷っている間に積み込んで行っちゃうそうです。

次にロック。これも必須。〝空き巣は「侵入に5分以上かかる家」を避ける〟と言われますが、バイクでも同じようです。以前、窃盗団の元メンバーだった人からメールを頂いたんですが、「時間がかかりそうだな」「面倒そうだな」という車両は狙わないと言っていました。

どんなに頑丈なロックでもプロなら外せるでしょうが、とはいえ時間はかかるだろうし、複数着いていればなおさらです。前輪と後輪に目立つ色のロックを装着して「どうだ、時間も手間もかかりそうだろう!」と窃盗犯にアピールしましょう。アピールするのは非常に重要です。

そしてロックを建造物につなげられればベスト。いわゆる地球ロックというやつです。バイクは数人いれば持ち上げて運べちゃうので、それを防ぎたい。これ、地球ロック用の鉄板なんて商品もあります。バイクの下に敷いた鉄板にリングが着いていて、そこにロックを通すんです。

先ほど例に出した車の後ろのような状況なら、車のホイールに通して連結しちゃうのもいいでしょう。バイクを複数台所有しているならそれを全部連結してもいいし、自転車とかでもいいでしょう。とにかく動かしづらくしておく。

数は少ないですが、地球ロック用のバーが設置されている月極のバイク駐車場も存在します。駐車場を探していて、候補の中にそういう物件がある場合は、検討してみてもいいかもしれません。

他にメジャーな防犯用品としては、イモビライザーなどのアラーム系の商品があります。こういうのは、揺すって音を鳴らしては隠れて、というのを何度も繰り返し、近所迷惑だから解除しておこうってなるのを狙ったりするらしいです。でもこれだって、無いよりはあったほうがいいというか、十分効果的だと思います。音は周囲の目を集めます。

▶建物につながれロックも複数で、いかにも時間がかかりそう。窃盗犯が敬遠したくなる状況を作ろう。

嫌がる状況にして時間を稼ごう!

▲車の陰で見えづらく、狭いので盗む作業もしづらそう。これも嫌な状況のはずだ。

自宅で保管していて設置が可能な場合は、IPカメラもいいかもしれません。モニターで不審者がバイクに近づくのを確認できれば、すぐに駆けつけられます。人が近づくと点灯するセンサーライトもアリです。外が明るくなったのが分かれば、なんだろうってなりますからね。窃盗犯は人目も嫌うので、ライトがつくことで「気づかれたかな? 持ち主が出てくるかもしれない」と思わせられるかもしれません。

……しかしこうやって書いていると、つくづくウンザリします。何をやってもダメな気がしてしまう。盗む人がいなければ対策なんて考えなくていいし、余計な出費もしなくていいのに。まったくもって腹立たしい話です。

盗まれてしまった後の対策としては、GPSのようなものを仕込んでおいて、どこに持って行かれたかを追跡できるようにするというのもあります(もちろんこれも、電波を妨害するジャマーを使えば、無効化できるわけですが……)。

ブルートゥースを使用したアイテムの場合は、それに対応した製品を使っている人がどれだけ多いかがキモになるので、位置情報の精度は商品ごとにバラツキが大きいのが実情です。いくつか実験した中で、アップルのエアタグは多少は実用的ですね。アップル製品は、使っている人がかなり多いですから。エアタグは僕も4つ買いました。

この手の商品で非常にいいと思っているのは、モニモトの『バイク用盗難防止トラッカー』というアイテム。これはバイクに積む端末と、オーナーが所持するキーがセットになっていて、近くにキーが無い状態でバイクが移動すると、それを感知してオーナーに電話してくれるんです。

この〝電話〟というのがありがたい。異常があったときにメールやメッセージを送ってくれるサービスは他にもあるんですけど、そういう通知って一瞬で鳴り終わっちゃうから、意外に気づかないんですよね。だけど電話の着信はさすがに気がつく。それですぐにバイクを確認しに行けば、盗まれる確率を減らせるでしょう。もちろん、バイクがどこにあるかの位置情報も確認できます。

最後の備えは盗難保険。これが役に立つということは、完全に盗まれちゃったということですけど、盗まれた上に次のバイクの購入代金まで自腹になるよりは、はるかにマシでしょう。任意保険に付帯する物だと新車のみとかの条件がつく場合もありますが、新車でも中古でも加入できるバイク専門の盗難保険もありますので、自分に合ったプランを調べてみてください。

まとめると、がっちりカバーを掛けて、ロックをして、IPカメラか何かを設置して、モニモトを仕込んでおく。このあたりが、できることの精いっぱい。

でもそれが、愛車を失う確率を、何割かは確実に減らしてくれるはずです。

動かされると電話をくれる盗難防止追跡装置「Monimoto」

Shohei Ninomiya
Interview

変容した世界で バイクだから できること――

二宮祥平インタビュー

Profile

二宮祥平
（にのみやしょうへい）

1979年生まれ。東京都出身。中古バイク店"ホワイトベース"を経営し、その一環で始めたYouTubeチャンネル『二宮祥平ホワイトベース』は開設から15年を経て登録者数40万人（2021年10月時点）を突破。バイクカテゴリーのトップランナーとして、今や業界を牽引する存在になっている。

5年間で感じた バイクの変化

―最初の著書である『とりあえずバイクに乗れ！』から5年がたちました。その間にバイクを取り巻く状況も変化したのではないでしょうか。

二宮　種類と特徴の項目にも書いたとおり、売れ筋のカテゴリは結構変わりました。あの頃はスポーツ系が大人気でしたけど、今はヘリテージ。レトロな雰囲気のあるバイクがズバ抜けています。その一方で、排ガス規制の影響などもあって、SRやセローといった人気のあるモデルが片っ端から無くなりもしました。個人的には、19年のモーターショーで披露されたZX-25Rが日本での生産じゃなかったのは、象徴的なニュースだった気がしますね。

―カワサキのNIJAシリーズですね。

二宮　はい。あれはかなり売れたんですけど、排気量としては下位モデルだし、その後にニューストピックとして耳にすることも特にないじゃないですか。でも日本に入ってきていないだけで、生産国のタイでは普通に売っていると思うんです。今って東南アジアの成長が著しくて、バイクの需要が上がっているんです。市場として世界の中心になっていて、日本はその恩恵に預かっている状態でしょう。東南アジアを意識して開発し、東南アジアで製造されたバイクを、日本へ持って来て乗る。この傾向は以前からありましたが、25Rによって、かなり鮮明になった気がします。

あれが出た2019年あたりで"これまで"の物が消えて、"これから"の方向性が提示されたんじゃないかなと。そういう意味で、近年の変化の象徴に思えます。

―たしかにそうかもしれませんね。一方で、それに乗るライダーには変化があったのでしょうか？

二宮　やっぱり人口は増えたと思います。若い人が多くなったというか、正確に言えば層が広がった感じです。免許を取ったという人の中には、主婦の方や、僕より年上の方も見かけます。実は昔から乗ってみたかった、というパターンは結構あるみた

信頼と人気は無形の財産だと思っているので そこがプラスになれば構わない

いです。新型コロナウイルスによる社会情勢が、その背中を押したというのもあるんでしょう。感染の心配なしに楽しめる趣味ということで。あとは気質の変化を感じることもあります。速さを求める時代では完全になくなりました。コンプライアンスがどうとかではなく、ライダー自体が求めていない。それよりも景色のいいところを走りたいとか、ファッション的なワクワク感だとか、バイクライフによって自分自身が感動するということが動機になっているんじゃないかと思います。

——なるほど。二宮さんは以前から、峠を攻めるような形ではなく、そういう方向の楽しみ方を勧めていましたよね。

二宮　絶対その方がいいですよ。そうやって裾野が広がって、だんだん層が厚くなって、バイク人口が増えてくれればいいですね。今はバイク女子なんていう言葉も目にしますけど、化粧品を使っている女性を「化粧品女子」なんて言わないでしょう。まだ珍しい証拠なんですよ。だからそういう言葉を聞かなくなるくらいになって欲しいです。

40万人がもたらした 二宮氏への変化

——変化という点で、今度は二宮さん自身についてお聞かせください。目に見える部分では、ユーチューブのチャンネル登録者数が大幅に増えましたよね。5年前は約14万人で、現在は約40万人。そのことによる変化はありますか？

二宮　こんな言い方をしたら偉そうですけど、周りがようやく僕に追いついてきた感じがします。

——それはどういう意味で？

二宮　5年10年前のバイク業界というのは、インターネットのような場所をPRや販売の中心に据えるなんて、全然考えていなかったんですよ。だからネットで活動している僕なんて、詐欺師や犯罪者の類いできっと悪人に違いない、という目で見られていたんです。それがようやく「うちもトータルメディアでやっていかなきゃ」という方向になってきた。そうして実際に取り組むことでネットの現実が見えてきて、僕が言っていることを理解してくれるようになった感じです。ここ2年くらいでようやくですね。前は大変だったんですから。相手はネット上にある僕への批判的な言葉を信じているので、仕事の話をする前にその誤解から解いていかなくちゃいけなかった。だけど今はもう、誰が何をやっても誹謗中傷が飛んでくるんだというのを分かっていますから。オリンピックで優勝した選手でさえ中傷にさらされる現実を、ニュースで目にしているわけで。

——色眼鏡で見られることが減ったというか。

二宮　そういうことですね。次の段階としては、メーカーさんがWEBでPRをしようとする。だけどなかなかうまくいかない。じゃあ協力しますよということで僕がやると、手前みそですけど、ちゃんと反響が起こるんです。あるお店がアンケートを採ったら、その日の来店者全員が僕の動画を見た人で、偉い方がわざわざ挨拶に来てくれたこともあります。そこについてはやはり積み上げてきた知識と経験があるし、長年動画の中で話し続けることで、僕の声に耳を傾けてくれる人を増やしてきたというのがありますからね。ただ、それをお金にする気はないんです。

——企業案件はユーチューバーにとって大事なビジネスだと思うのですが、なぜ？

二宮　信頼と人気は無形の財産だと思っているので、そこがプラスになれば構わないんですよ。変にお金を介在させちゃうと、支払った側の決めた枠から出られなくなる。「こういうことがしたい」と思ったときに、不可能な時があるんです。お金だけではない協力と信頼を作ることで「二宮さんならいいですよ」と、例えばお店の中で自由に撮影させてくれたり、商品をレビューさせてもらえる。そうした積み重ねによって僕がやれることの範囲は広がるし、視聴者さんも喜んでくれるし、物が売れてお店やメーカーも喜んでくれて、全体が盛り上がる。そういう流れが結果として現れているのは非常にうれしいです。それにそもそも、オートバイ業界のようなニッチなところでは、心配しなくても誰も大きくは

100万人を目標にしていますから まだ全然伸びてないなと感じているくらい

儲からないんですよ。市場規模が今の10倍にでもならない限りは、協力関係でしのいでいくしかない。

——なるほど。視聴者さんとの関係ではいかがでしょうか？

二宮 声を掛けられることが一層増えました。自分の知名度を笠に着るようなことはしたくないんですけど、ほとんどの人が知ってくれていますね、バイク乗りだったら。以前阿蘇に行ったときなんかは面白かったですよ。大観峰の駐車場に入ると、先にいたライダーが「ん？」と目で追ってきて、ヘルメットを脱いだ瞬間に「ああ二宮さん。お疲れ様でーす」って。

——フレンドリーですね（笑）。

二宮 「何でこんなところにいるんですか!?」って始まる人もいるんですけど、平常運転で当たり前みたいに会話がスタートすることが多くて。動画で僕を見ているので、以前から知っているような感覚なんですよね。本人がそれに気づいて「すみません、知らない人に話しかけられたらビックリしますよね」と言われることもあるんですけど、実はちょっと違う。僕の方は僕の方で、気付くくらい動画を見てくれている人なんだから、僕よりも僕のことを知っているんだろうなと思っているんです。その前提があるので、こちらも安心して話しちゃう。初対面のおじさん同士が普通のテンションで知り合いみたいに話してるのは、客観視するとなんだか面白くていいですよね。

——そういう接し方で声を掛けてくれる人が増えたのは、煩わしさよりもうれしさの方が大きい？

二宮 もちろんですよ。これはもう表裏なくウエルカム。今は話しかけないで欲しいなとか、そういうのはありません。バイクに乗っているときはですけどね。プライベートで買い物しているときなんかは、見て見ぬフリでお願いします（苦笑）。

コロナとバイクとホワイトベースの〝これから〟

——先ほども少し出たように、コロナ禍で世の中自体が大きく変わりました。二宮さんの生活や活動も、やはり影響を受けましたか？

二宮 イベントができないというのは大きいです。物を売らないと生計が立てられませんので。そのために人を集めようとすると苦情が来るというのは、異常な事態ですよね。「コロナの影響でバイクブーム！」と言われますが、そんな実感は全然ない。もちろん免許を取る人は増えているし、新車や用品は売れているのかもしれませんが、僕みたいな中古車屋までは恩恵が来ていません。実際、利益も落ちている。バイク雑誌を出していた出版社が潰れたり、レースが開催できなかったりという実情もありますし、そんな中でブームと言われてもなぁ……。「今はバイクが人気だから儲かってるでしょ」と笑いながら言われると、カチンと来ることもありますよ。

——現実と世間の認識がズレている部分が結構あると。この状況はまだしばらく続きそうですね。

二宮 その結果ライダー人口が増え続けて、業界の景気自体は多少なりとも上がるとは思うんです。今は新車が売り切れて納車待ち何ヶ月なんていう状況だし。来年はどこも生産数を上げてくるでしょう。そういった車両が数年後に中古へ流れてくるようになれば、もしかしたら僕も恩恵にあずかれるかもしれません。ほんとにね、生きているうちに1度くらいは、バイクブームをちゃんと体験してみたいですよ。

——二宮さんの年齢は、90年前後のブーム終了後の世代ですもんね。

二宮 そう。その時にメチャクチャやっていた人たちのせいで、危険なイメージや通行禁止の道だけが残されていた。ひどい話です（笑）。

——バイクの将来に関わるトピックとしては、脱炭素に関連して、新車を全てEVにしていこうという目標も掲げられています。

二宮 正直、実現できなくてエンジン車も残るんじゃないかと思ってはいます。中古までは規制できないでしょうし。でも中古まで禁止になったら、保管場所に余裕があれば、今のバイクを残しておくでしょう。乗れないのは悲しいですが、仕方ないかな。サーキットなら少しは走れるでしょうし。ツーリングはできないけど、それはEVで楽しむとして。バイクはタイヤ2個で風を切るのが面白いわけですから、エンジンがモータ

Shohei Ninomiya

Interview

ーに変わっても、それはそれで楽しめるはず。新しい方を向いていけると僕は思っています。

――その頃には登録者数ももっと増えて、お店も大きくなっているかもしれませんね。

二宮　お店は今の規模で精いっぱい。こんなに儲からなくて乱高下する業界で大きくしちゃダメですよ。ただ、チャンネル登録者数は増やすつもりです。100万人を目標にしていますから。まだ全然伸びてないなと感じているくらいで。

――バイクって、とはいえニッチなカテゴリーですよね。その中で100万は相当な気がします。

二宮　だからこそ目指したい。芸能人が趣味のバイクで大人気というのはありますが、それはその人自体がコンテンツであって、バイク専門とはちょっと違うじゃないですか。バイクだけで達成できたら本当にすごいし、その数字は業界全体のマーケットを広げることになると思いますから。そういう意味では今もちょっとした数字なので、誰かが1回くらい僕を表彰してくれてもいいんじゃないですかね（笑）。

――それが今の夢ですか（笑）。

二宮　まぁ表彰は冗談にしても、100万は本当に目標です。だからといって僕にできることは限られているので、今までどおりやっていくしかないですね。今の位置にあぐらをかいていたら、他の人に追い抜かれたときに誰からも相手にされなくなっちゃいますし。できることをやって、全体の活性化に努めていこうという感じです。

――ありがとうございました。それでは最後に、読者の皆さんへメッセージをお願いします。

二宮　ここまでにもお話ししてきたように、社会やバイクの状況は大きく変化しました。誰かと一緒に何かをすることが、今以上になくなってしまう可能性もあります。だけど楽しみ方は自分次第だと思うんです。ひとりぼっちでバイクに乗る。それがどうしたら面白くなるのか、皆さん自身で確立してもらえたらなと。もちろん、そんなことをいきなり言われても困るという人が多いでしょう。「オッケー。自分でなんとかするよ」と即答できるような強い人は、たぶん少数派。おそらく今の時期に免許を取るのだって、コロナ禍の閉塞感の中で「こんなの嫌だ」と一念発起し、なにがしかの殻を破った結果だと思います。ただ、そこはまだスタート地点であって、殻の外の世界をぜひ探検して欲しい。最初はね、バイクが納車されて近所を走るだけでもすごく楽しいんですよ。だけどそこから先に何をしたらいいか、どうやって楽しめばいいかが分からず、殻の中に戻ってしまってはもったいない。だったら僕に聞いてください。メッセージをもらえればリクエストに応えるし、もらえなくても自発的に何かしらを発信しています。僕はそうやってアーカイブを積み上げて、「困ったときはホワイトベースのチャンネルを見ればなんとかなるだろう」っていう、バイクの百科事典になりたいですね。この本もその一環。僕という存在があなたのバイクライフのお役に立てたら、本当に本当に幸いです。